種<ruby>た<rt></rt></ruby>を育てて種<ruby>しゅ<rt></rt></ruby>を育む

―植物品種改良とはなにか―

改訂版

加藤　恒雄

大阪公立大学出版会

Read Darwin first;

       then read the modern Mendelists;

              and then — go back to Darwin.

         (Luther Burbank,"How plants are trained to work for man")

L. バーバンク（1849-1926）：19世紀から20世紀にかけてのアメリカ合衆国における著名な植物育種家、園芸家。ラセットバーバンクポテト等を含む膨大な数の植物品種を、主として交雑育種により育成した。

は じ め に

　農作物にはいろいろな「品種」というものがある。品種のそれぞれには特徴があり、作物に接するときや食物として消費するときに品種の違いに気を付けるとより興味を覚える、という経験を常日頃感じるのではないだろうか。例えばイネ（米）の‘コシヒカリ’や‘ゆめぴりか’は食べて美味しいし、‘山田錦’や‘五百万石’は日本酒の原料である酒米（酒造好適米）として有名である、といった具合に、である。最近では、イネの品種に応じたプログラムで最適な炊飯を行う炊飯器まである。イネ以外でも、リンゴの‘ふじ’、ジャガイモの‘インカのめざめ’、普通コムギの‘キタノカオリ’、バラの‘クイーンエリザベス’、等々、国内はもとより世界中を見渡すと数えきれない品種がほぼすべての栽培植物ですでに存在する。最近では、品種に対して愛らしいインパクトに富む名前が付けられ（‘恋の予感’、‘富富富’（ふふふ、と読む）など、どちらもイネの品種名）、品種あるいは品種名はますますポピュラーな存在になっている。

　これらの品種は、品種改良あるいは育種とよばれる農業上の基幹技術によって作られてきたものであり、現在でも、かつ将来にわたっても新しい品種が次々に作り続けられている。本書では以下、育種（breeding）という用語を用いる。特にペット産業の世界では、ブリーディングは繁殖の意味をもつが、植物では育種、品種改良のことである。

　植物育種の歴史は非常に古く、人類が農業を始めた約1万年前以前にまで遡ることができる。人類は、野生の植物を採取し利用するときに、それらが自生している場所で自分たちにとって良好なものを選んで持ち帰り、住居の周りにそれからこぼれた種に由来する次世代をさらに利用する、といったことを繰り返してきた。これはまさしく「人為選抜」であり、育種の原点といえる。時代が下って人類は、動物と同じように植

物でもオスとメスの間で有性生殖が行われ、異なるタイプのものを意図的にかけ合わせるとその子孫には両親とは異なったさまざまなものが出現してくることを、経験的につかみとった。その中からよりよいものを選抜する、という現在の交雑育種に当たる営みは、はるか昔から科学的な根拠を抜きにして行われてきた。

　しかし、違うものをかけ合わせる、あるいは良いものを選ぶという単純な方法によってなぜ育種ができるのか（あるいはできないのか）、については不明のままであった。そのような背景の下、19世紀の中ごろに、中部ヨーロッパ、ボヘミア地方（現チェコ共和国、当時はオーストリア＝ハンガリー帝国）のブルーノで開催された全ドイツ農業会議にて、当地の聖トマス修道院院長であり、またその会議の品種改良分科会議長でもあったF. C. ナップが、「農作物や家畜の育種の効率を高めるには、生物の遺伝の原理を解明する必要がある」という趣旨の発言を行った。これを契機に、同じ修道院の僧侶であったG. J. メンデルが植物のエンドウを用いて、修道院の中庭で当時としては画期的な交雑実験を永年にわたって行い、その結果を基に革新的な解釈によって遺伝の原理を明らかにした。この原理は、さまざまな紆余曲折をへて20世紀になって進展し、遺伝の原理を司る物質的根拠である染色体、さらにはデオキシリボ核酸（DNA）の認識へとつながって、現在のゲノム育種を生み出すに至る。したがって、育種の根幹をなすのは、植物あるいは生物の遺伝現象を利用して生物に遺伝的な改良を施すことであるといえる。

　生物の遺伝的特性が、DNA上に記されたゲノム情報（塩基配列情報）に帰着するとなると、このゲノム情報を直接改変することで育種がきわめて効率的に行われるという発想は、一応、自然である。その結果、自然界にはこれまで存在しなかったような生物を人類が作りだすという事態が生じる。最近ではさらに、ゲノム編集というゲノム改変技術が、革命的な手法として植物育種を含めて様々な場面でもて囃されている。こ

のようないわゆる遺伝子組換え生物、組換え作物は、すでに世界的規模で普及しつつあるが、これに対して違和感や拒否感、抵抗を覚える人たちも多く存在する。そのような状況下で、例えば、従来の交雑育種でできた品種は安全だが組換え作物は危険である、あるいは逆に、これからの食糧危機を克服するには組換え作物でないといけない、等々、さまざまな極論を一方的に鵜呑みにするのは無意味どころか当然、危険である。このような事態に関する論争について本書は立ち入らないが、こういった場面を含めて、そもそも品種とは何か、どのように育種は行われるのか、その原理とするところはなんだろうか、については十分に考える機会が人々にとって必要であると、私は強く感じる。本書を上梓した動機の一つは、このことと深く関連する。

ロシア（当時はソビエト連邦）の遺伝学者であり植物遺伝資源探索の先駆者であったN. I. ヴァヴィロフは、育種とは何か、という問いに対して、「育種とは、人間の意志によって方向付けられた生物の進化である —It (breeding) is evolution directed by the will of man.」と述べている。生物の進化とは、よく誤解されているような「進歩」ではなく「変化」、さらにいえばある集団中の遺伝子頻度の時間経過にともなう変化である。しかし、「人間の意志によって方向付けられた」変化は、人間の価値観からみた植物あるいは生物の進歩である。それを行うのが、育種である。本書のタイトルは「種（たね）を育てて種（しゅ）を育む」で、育種のダジャレである。これは、あるとき私の講義を受講していた学生の一人から、「育種って種（しゅ、species）を育てることなんですね」といわれたことに由来する。育種という行為が、生物の進化という壮大な物語に通じるような夢のある営みであることも、あわせて感じていただければ幸いである。これが、上梓に至ったもう一つの動機である。

本書はこのように、一般の読者、あるいは作物の栽培者を対象として、日頃接する品種および品種改良、育種について考える機会を提供す

ることをねらっている。もちろん、これから植物育種を学ぼうとする学生、院生、さらには現役の育種家諸氏関連各位にとって、本書が副読本（教科書とは若干異なっているので注意）として活用されることも期待している。そして、育種を専門としない読者にとっても、本書をネタ（あるいはたね）にしてものごとが「なぜそうなるのか」、「なぜそのようにするのか」を徹底的に考える契機になって貰えれば、私にとっては望外の喜びである。このようなものごとに対する姿勢（健全な懐疑主義、well-organized skepticism）は、植物育種とは無縁の場面でもきわめて重要であると私は信じる。

　　2019年秋

　　　　　　　　　　　　　　　　　和歌山にて

　　　　　　　　　　　　　　　加　藤　恒　雄

　　この度、本書初版（2019年出版）で見られた誤りの訂正等を行った改訂版を出版することとなった。本改訂版が、引き続き読者諸氏の学びの一助となれば幸いである。

　　2023年夏

　　　　　　　　　　　　　　　　　泉州にて

　　　　　　　　　　　　　　　加　藤　恒　雄

目　　次

第1章
遺伝子・DNA・ゲノム

　先に述べたように植物育種は植物のもつ遺伝的側面、すなわち本書の
タイトル前半の「種（たね、seed）」になるものを改良することといえ
る。この種（たね）は、植物の種子（しゅし）というよりも、基となる
ものといった意味合いで用いている。したがって、品種改良を考える際
には、どうしても遺伝の諸現象とその根本を支える原理にふれざるを得
ない。これについて、私見を交えながら細かなことは別としてより包括
的に遺伝の仕組みについて述べてみたい。育種を述べる準備としてしば
らくお付き合い願いたい。ここでは高等植物の育種に沿って、有性生殖
を行う（とりあえず、後で述べる二倍体の）ものの遺伝について考える
が、動物でも微生物でも基本的に同じである。

遺伝の原理

　遺伝の原理については、いわゆるメンデルの三法則があまねく知れ
渡っている。曰く、優性の法則、分離の法則そして独立の法則であ
る。これらは1866年に出版された（口頭発表は1865年）メンデルの論
文、「雑種植物の研究」（原文はドイツ語、"Verzuche über Pflanzen-
Hybriden"）に由来するとされるが、原論文をいくら読んでも、メンデ
ル自身はこのような三法則には言及していない。これは19世紀最後の年、
1900年におけるメンデルの「法則」再発見以来、他の人々がいつしか言
い出したことであり、こまかくみると様々なバージョンがある（二法則
の場合もある）。この三法則のうち、優性の法則と独立の法則は例外が
多く一般則とはいい難いので、この法則全体は間違っている、という見
解も出てくる。残った分離の法則にこそメンデルの発見の神髄があるの
ではあるが、これを「F₂世代（雑種第2世代）で優性の形質を示すも

1

のと劣性の形質を示すものが３：１の割合で出現すること」とする誤った記述が参考書等で案外みられる。それでは、このような高校の教科書風の「三法則」とは離れて、修道院の中庭に育てられたエンドウの世代をこえた振る舞いから、メンデルがなにを見出したのか、「法則」なるものの基盤をなすもの、丁度、数学でいう定理の基盤となる公理・公準について考えてみる。

　それは至って単純な二つの原理からなる。第一の原理は、「生物の示す姿・かたち、性質（これらを形質とよぶ）があると（例えばエンドウの種子の形、という形質）、それを決定する因子が（一つではなく）１対、細胞内に存在する」ことといえる。この因子を、現在では「アレル（allele）（もしくは対立遺伝子）（英語風の発音はアリル？）」とよぶ。仮に、エンドウの種子の形にかかわる１対のアレルのそれぞれをAおよびaとしよう。すると１対の中身は、AA、Aaおよびaaしかない（AaとaAは同一とする）。このようなアレルの組み合わせで生じるタイプを、「遺伝子型（genotype, いでんしがた、いでんしけいともいう）」とよぶ。このような遺伝子型の違いによる場合を含めて形質に異なるタイプが生じると、そのタイプを「表現型（phenotype, ひょうげんがた、あるいはひょうげんけい）」とよぶ。例えば、AAなら種子が丸くなる表現型、aaなら種子にしわがよる表現型という具合に、である（図１−１）。

　ここで、もう一つ重要な用語を定義しよう。上記の遺伝子型で同一アレルからなるもの（AAとaa）を「ホモ接合体（homozygote）」、異なるアレルからなるもの（Aa）を「ヘテロ接合体（heterozygote）」とよぶ。ヘテロ接合体の表現型がどちらかのホモ接合体と同一であるとき、そのようなホモ接合体を構成するアレル（例えばA）はそうでないアレル（a）に対して優性（最近の用語では顕性なので以下それを用いる）、aはAに対して劣性（潜性）とよぶ。ただし、ヘテロ接合体がどちらのホモ接合体とも区別ができる場合もしばしば認められる（共顕性）。また、ア

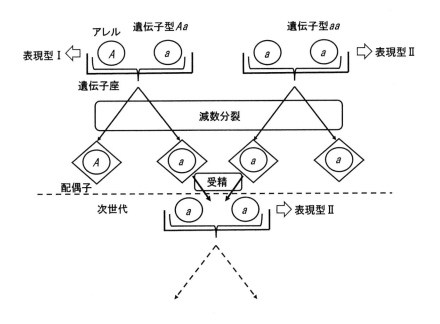

図1-1　メンデルの見出した遺伝の原理

レルが2種類の場合にはヘテロ接合体は1種類のみであるが、アレルが3種類以上ある場合もある（複アレル）。この場合にはそれに応じて何種類かの対に対応するヘテロ接合体が生じうる。

　第二の原理は、この個体が、次の世代を作るために特化した細胞である配偶子を形成する際に、「1対であったアレルのどちらか一つずつが別々の配偶子に入る」ということである（図1-1）。例えばAaのヘテロ接合体なら、そこから生じる配偶子はAをもつものとaをもつものが1：1の比で生じる。これが本来の「（アレルの）分離」である。このアレルの分離は、配偶子が作られる際の特別な細胞分裂である減数分裂で精密に行われるが、それについては後に詳しく述べる。そして、このようにして生じた配偶子が雌と雄でそれぞれ作られ、それらが融合、すなわち受精して受精卵が生じると、そこではその形質に関してアレルの

対が復活する（図1－1）。その対のタイプすなわち遺伝子型によって、その個体の表現型が決定される。そして、前述のようにAをもつ配偶子とaをもつ配偶子が雌と雄でともに1：1の比率であり、それら配偶子がランダムに受精するなら、次世代の遺伝子型とその比率はAA：Aa：aa＝1：2：1にならざるを得ない。さらに、Aがaに対して顕性であるときには、次世代の表現型は顕性型：潜性型＝3：1になることが期待される。したがって、異なる遺伝子型をもつホモ接合体間の交雑（AA×aa）のF_2世代で、顕性型と潜性型が3：1になるのは法則ではなく、遺伝の原理の（一つの）結果である。

　表現型が交雑後代で分離すること自体は、すでにメンデル以前の他の研究者によって明らかにされていた。そして、3：1になったから「法則」が発見されたのではない。実際のデータはちょうど3：1にはなっていないし、統計学的には例えば3.14：1になっているといってもおかしくない。そうではなくて、実際のデータが本来は3：1となるべきであるという根拠を示せたことこそが、メンデルの革新的卓見である。データに適合するように見えても、3.14：1となる根拠は何もない。当時の生物学（博物学）における帰納的方法ではなく、このようなメンデルの演繹的方法の真価が理解されるには、発見からなお三十余年の歳月が必要であった。

　ここで、新たな重要用語を定義しよう。それは、「遺伝子座（locus）」である。これは、細胞中で1対のアレルが存在すべき場所（locusは本来、場所という意味）ととりあえずいえる（図1－1）。そして、この用語を用いると明解になる場合が非常に多い。いわゆる「遺伝子（gene）」は、アレルも遺伝子座も両方示す大変あいまいな（一面では便利な）用語である。以降、本書では遺伝子という単語の意味するものがアレルなのか遺伝子座なのかを極力峻別する。ただし、どちらでもよい場合や慣習的に用いられている場合はやむを得ず「遺伝子」を用いる。

4

遺伝子の物質的根拠

　早速、遺伝子という用語を用いてしまった。メンデル自身は遺伝を司る因子、アレルや遺伝子座へ概念的に到達したが、その物質的根拠は不明のままであった。一方で、ちょうどメンデルが修道院の中庭で交雑実験を行っていたころには、彼の実験とは無関係なところで、細胞核の中には「染色体（chromosome）」の存在することがすでに明らかになっていた。染色体は、塩基性色素によく染まるひも状の構造体である。この染色体こそが、遺伝子の担体であるという遺伝の染色体説が、20世紀になった直後に最初はアメリカのW. S. サットン等、そしてショウジョウバエを用いたより精緻な実験的根拠を伴いT. H. モーガンらによって提唱された。遺伝子は、染色体上に存在する。

　通常、二倍体の生物では、核内の染色体は同形、同大のものが1対存在する（性染色体では例外がある）。これらを、相同染色体とよぶ。そしてこの1対の相同染色体は、それぞれが別々の配偶子に入るように、先述の減数分裂時に「分離」する。この分離はメンデルのいうアレルの分離と等価であるようにみえる。すなわち、メンデルの示した世代から世代へのアレルの分離行動と染色体の減数分裂における分離行動が一致しているとみなされることから、相同染色体上の同じ位置に、ある形質を支配する遺伝子座があり、その上に1対のアレルが存在するという概念に至る（図1−2）。さらに、メンデルの「法則」再発見から程なくして見つけられた、異なる遺伝子座上のアレルの分離が互いに独立ではないような現象、連鎖、についても、それら遺伝子座が同一染色体上の近い位置に存在すれば、必然的に生じる。モーガンらは、多くの遺伝子座が染色体上にある順序で直線的に並んでいることを、遺伝子（連鎖）地図として示すことすら成功した。この遺伝子地図は、ごく最近では後で詳述する分子マーカーを用いて極めて精密なものが多くの種で作られている。

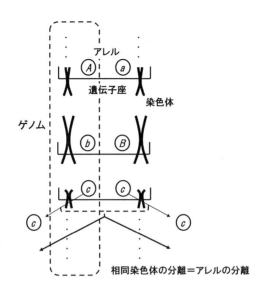

図1-2　ゲノム・染色体・遺伝子座・アレル

　ここまでの話から、読者はアレルというと何か小さなツブ状の物体を
連想し、それが染色体上の定まった場所、遺伝子座に付着しているよう
なイメージをもたれるかもしれない。事実、ショウジョウバエの唾腺染
色体には、それらしい縞模様が見えてそれが遺伝子であると一見思われ
るが、それは誤りである。遺伝子座やその上のアレルは点状ではなく、
デオキシリボ核酸（DNA, deoxyribonucleic acid, 因みにドイツ語で
はDNS）という長大な鎖状分子のごく一部であり、もちろん光学顕微
鏡では観察できない。このことはちょうど、現在の量子力学で物質の究
極的存在が微小なひもからなるという超弦理論に表面的に似ていなくも
ない。
　DNAは、スイスの生化学者、J. F. ミーシャーによって細胞核に特有
に存在する窒素とリンに富む高分子（実際には核タンパク質）として
1874年に同定された。同年代には、メンデルの遺伝の原理も、染色体も

発見されていたのは、歴史の偶然である。後に、この高分子は基本的に
4種類のヌクレオチドが単位になって構成されていることがわかった
が、なぜか単純な物質とみなされていた（テトラヌクレオチド仮説等）。
したがって、細胞核の中にあることはあるのだが、DNAはアレルのよ
うな極めて多様なものの物質的根拠ではない。むしろタンパク質がアレ
ルの本体であると信じられていた。その定説を打ち破ったのが、1944年
に発表された、アメリカのO. T. エイブリーらによる肺炎球菌（双球菌）
における形質転換の実験結果である。

　肺炎球菌には、主に2種類のタイプ、S型とR型が存在する。S型の
菌を熱滅菌してその残渣をR型に与えると、R型の集団の中にS型が出
現し、その子孫もS型のまま遺伝する。このような現象を、形質転換
とよぶ。エイブリーらは、このような形質転換の原因物質がタンパク
質ではなくDNAであることを証明した。これはDNAこそがアレル、メ
ンデルのいう因子の本体であることを強く示唆する。しかし、それを
確定するには、1952年に発表されたもう一つの実験結果を待つ必要が
あった。

　アメリカのA. D. ハーシーとM. チェイスは、T2バクテリオファージ
の研究に従事していた。ファージは外側の殻であるタンパク質と、その
中に内包されているDNAの2種類の分子のみからなり、大腸菌に寄生
することで生存できる単純な生物（最近では生物とはみなされない場
合もある）である。彼らは、親ファージから、それらが大腸菌に寄生
後に大腸菌を溶かして出現する子ファージへと、DNAとタンパク質の
どちらが伝達されるのかを、放射性同位元素を用いた巧妙な実験によっ
て探った。その結果、世代をこえて伝えられるのはタンパク質ではなく
DNAのみであることが証明された。したがって、親から子へ伝えられ、
形質転換物質でもあるのはDNAである。すなわちアレルや遺伝子座の
本体はDNAである。

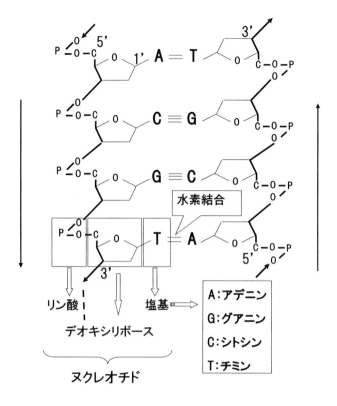

図1-3　二本鎖DNAの構造

　このようなDNAは、先述のように4種類のヌクレオチドを単位とし、それらが直線的に連結した枝分かれのない長大な鎖状分子である。ヌクレオチドは、真ん中に5個の炭素からなるデオキシリボースという糖、その5'の炭素に1個のリン酸、そして1'の炭素に4種類の塩基、アデニン（A）、グアニン（G）、シトシン（C）そしてチミン（T）のどれかが結合している（図1-3）。リン酸とデオキシリボースは共通なので、結局、ヌクレオチドは塩基に応じて4種類存在する。このようなヌクレオチドがその3'の炭素と他のヌクレオチドのリン酸が結合することで、ある方向をもって次々と鎖を伸ばして、生物によってかなり異なるが最終的

に数百万から数十億個のヌクレオチドからなる長大な分子に至る。これが一本鎖DNA、１本の鎖である。通常のDNAは、二本鎖である。これは２本の一本鎖DNAが逆方向に向かいあって、互いの塩基の間で水素結合して構成される。その際に、水素結合がAとTそしてGとCの間でしか生じないような相補的な結合であることが極めて重要である。つまり、二本鎖DNA中、片方の一本鎖DNAの中のヌクレオチドの並び方（塩基の並び方になるので塩基配列とよぶ）が決まれば、もう片方の一本鎖DNA中の塩基配列は自動的に決まってしまう（図1−3）。したがって、E. シャルガフが発見したようなシャルガフの規則（どのような二本鎖DNA中でもAの含量とTの含量、およびGの含量とCの含量はそれぞれ等しい等）が導かれ、これを基にJ. D. ワトソンとF. H. C. クリック、その他のメンバーによって、最も合理的なDNAの分子構造が明らかになった。

　ある一本鎖DNA中の塩基の並び方には、制約は基本的に一切ない。そして、この並び方、塩基配列はめったに変化せず、体細胞分裂によってある細胞から新しい細胞ができるときに、DNAのすべてで完全に同一の配列が原則的に伝えられていく。もしも、その並び方に何らかの生物学的意味があれば、その情報と同一のものが、やはり伝えられていく。ちょうど、カセットテープのようなイメージである。これによって、免疫系等一部の重要な例外を除いて、ある個体中のすべての細胞は、出発点であるただ一個の受精卵と同一の情報をもつ。

遺伝的構造の全体像

　アレル、染色体、DNAといった遺伝にまつわる一つ一つの要素については、およそ出揃った。重要なのは、これらの相互関係を見渡し、全体像を構成することである。これについては、他書では案外触れられていない。

染色体はDNA

　まず、細胞核の中では、１本の二本鎖DNAは基本的に１本の染色体に相当する。ただし、通常「染色体」は、体細胞分裂の１周期のおよそ四分の一を占める分裂期（さらに細かく、前期、中期、後期、終期からなる）には明確なひも状構造として、中学校の理科室にあるような光学顕微鏡でも観察できるが、残りの間期には見つからない。かつ、分裂期の後期よりも前には、個々の染色体は２本の同形同大のひもが、どこか一か所で結合したように見える。この各々を「染色分体」とよぶ。これは、先述の相同染色体とは異なる（相同染色体はこのような染色体が対になったもの）（図1−4）。また、染色分体が結合した部分を動原体とよぶ。

　染色分体の起源はまず、間期の最初に１本であった二本鎖DNAが、間期の中頃にあるＳ期で精密に同一の塩基配列をもつように複製され、２本の二本鎖DNAとなることから始まる。このDNAは光学顕微鏡では細すぎて見えず、電子顕微鏡でのみ認識できる。これらが分裂期で光学顕微鏡でも観察できるようになるのは、二本鎖DNAがヒストンタンパク質と結合してヌクレオソームとなり、これが分裂期に入るまでに高次のらせんを形成したり複雑に折りたたまれたりして太く短くなるからである。例えばヒトの場合、１個の細胞核に存在する複製前のDNAをすべてつなげると、その長さは約２ｍにまでなるが（太さは10nm）、分裂期中期では数μmにまで短くなる。分裂期当初にはDNAは複製されて２本になっているので、結局、染色分体のそれぞれは、複製後の１本の二本鎖DNAであり、DNAの両端は、それぞれ染色分体の両端に相当する。したがって、染色分体のそれぞれは、完全に同一な情報、塩基配列をもつ（図1−4）。

　染色分体のそれぞれは、分裂期の後期で、核の両端に位置する極のそれぞれへと均等的に移動する。これは極と動原体がチュブリンタンパク

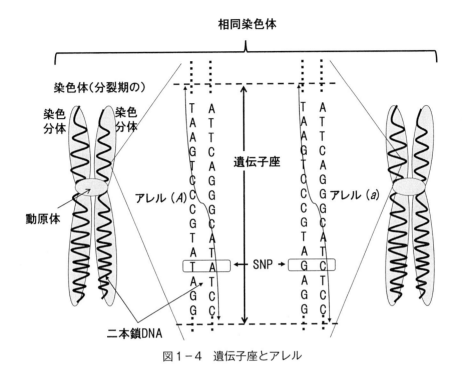

図1-4　遺伝子座とアレル

質の繊維からできた紡錘糸で連結され、かつ紡錘糸が短縮することによる。これがすべての染色体について同時に生じるので、続く終期においては、両極の各々には全ての染色分体、すなわち分裂前と同一の塩基配列情報をもつDNAが分配される。これらが含まれるように細胞質が分裂するので、分裂後の2個の細胞（娘細胞）は同一の情報をもつ。分裂期が過ぎた新たな娘細胞は間期に入り、凝縮していたDNAはほどけて見えなくなる。これが受精卵以来延々と繰り返されて、例外はあるがヒトの場合同一情報をもつ数兆個の細胞が生まれる。

遺伝子座はDNA鎖の一部

　それでは次に、遺伝子（アレルと遺伝子座）は染色体上にある、とは

11

どう理解すればよいのか。これは、１本の二本鎖DNAを構成する塩基配列中にはある一定の区間があり、この中の塩基配列が生物学的に意味のある情報を担っているならば、それが「遺伝子座」である、と考えるべきである（図1-4）。

　従来の教科書では、この遺伝子座は、そこから直接転写されたmRNAを介してタンパク質が合成される際に、タンパク質中のアミノ酸配列を決定する部分（コード領域、翻訳領域、coding sequence、CDSとよぶ）、と記述されてきた。そうすると、高等生物では塩基配列全体の約１割程度しかこの意味での遺伝子座は存在せず、残りは不明ということになっていた。ちょうど、この宇宙を構成する物質のほとんどがダークマターとダークエネルギーであるように。最近になって、この不明であった部分からも転写が活発に行われ、他の遺伝子座の発現にかかわるRNA（マイクロRNA等とよぶ）が生産されていることが明らかになった。そして従来から、転写には直接関連しないtRNAやrRNAもその設計図はDNA中にコードされていることがわかっていた。また、染色体の構造や複製、組換え等に関わる重要な要素、さらにはトランスポゾンもDNA中には存在する。したがって、これらはすべて、生物学的に意味のある情報をもつ区間であり、すなわち「遺伝子座」とよぶべきである。この遺伝子座はDNA上の定まった位置（端から数えて何塩基目から何塩基目まで）に存在し、めったなことでは変化せず、細胞から細胞へ、また世代から世代へと受け継がれる、すなわち遺伝する（図1-4）。

アレルとは？

　メンデルの遺伝の原理に立ち返ってみると、ある形質（例えばエンドウの種子の形）は一つの遺伝子座で制御され、その形質には異なる表現型（種子が丸い、あるいはしわがよっている）があり、それぞれはその遺伝子座上のアレル（例えばAとa）で決定される、ということであった。

それではこのアレル、*A*や*a*とはどのようなものか。それは、アレルは
それが座上する遺伝子座の塩基配列のパターンであると考えるべきであ
る（図1-4）。相同染色体には、同一の位置に同一の遺伝子座がある。
もしもそれら遺伝子座上の塩基配列が完全に同じであれば（同一パター
ンであれば）同一のアレルをもつ、すなわち、先述のようにホモ接合体
とよばれる。それに対して、もしも遺伝子座上の塩基配列が一つでも
異なっていると（これは単塩基多型、Single Nucleotide Polymorphism,
SNP（スニップ）とよばれる）、それらはパターンが異なり、異なるア
レルということになる。もちろん、遺伝子座上で何か所も異なっている
場合もある。この遺伝子座上における、数万以上からなる塩基の配列が
生み出すあるパターンを、メンデルは例えば*A*や*a*の一文字で結果的に
表したことになる。このようなアレルの違いが、異なる表現型をもたら
す場合がある。相同染色体上でアレルが異なっていれば、異なるアレル
の対をもつことになり、ヘテロ接合体とよばれる。従来は、アレルは対
立遺伝子とよばれ、異なるものがあるときのみ存在するようなニュアン
スであったが、遺伝子座上の配列パターンと解釈する方が便利である。
すなわち、異なるアレルがその時点でみつからなくても構わない。以上
のように、メンデルのいう因子（アレル・遺伝子座）は、粒子状の物質
ではなく、DNAという鎖の一部である（図1-4）。

ゲノムのなりたち

　最近、よく耳にする機会が増えたゲノム（genome）には、二通りの
とらえ方がある。一つは古典的なもので、ある生物が生存するのに必要
な最低限の染色体セットのことである。これは日本の木原均が、コムギ
近縁種の雑種研究から導いたものである。すなわち、1対の相同染色体
のどちらかを集めたものがゲノムであり、倍数体の場合はさらにその中
の基本となるグループのことをさす（図1-2）。

一方、現在ではその生物がもつ遺伝情報の全体といったニュアンスでゲノムがとらえられている。先ほどのDNAと遺伝子座の関係から、遺伝子座上のアレルがどうであれ、相同染色体の片方を集めてくればそのDNA上の遺伝子座は遺伝情報の全体を表わす。したがって、二通りのとらえ方は等しい。さらに、通常はこのようなゲノムが2セット存在する。これが二倍体であるが、植物ではゲノムが3セット以上（通常偶数セット）存在する場合もある。これが倍数体である。

　以上、染色体上の遺伝子座、アレルについて述べたが、実は染色体以外にもDNAは存在し、染色体DNA同様、重要な役割を果たしている。その中でも重要なのは、核外の細胞質内小器官であるミトコンドリアと葉緑体内に存在するDNAである。これらDNAは染色体のように直鎖状ではなく、大きな環状構造を示す。その中には、染色体と同様に遺伝子座、アレルが存在する。このようなDNA上の情報をオルガネラゲノム（ミトコンドリアゲノム、葉緑体ゲノム）とよぶが、このゲノムには相同染色体に相当するものはない。したがって、オルガネラゲノムの遺伝子座は対になるものがなく、アレルに顕性、潜性の区別もない。そして、減数分裂では分離は起こらない。体細胞分裂時にはDNA複製が通常どおり生じて同一のゲノムが増加するが、細胞質の分裂につれて適当に分配される。受精時には一般に、雌性側のみすなわち卵細胞の細胞質中に存在したオルガネラゲノムのみが次世代受精卵へと伝えられるが、その一方で雄性側からは伝えられない。したがって、オルガネラゲノム上の遺伝子座はメンデルの原理には従わず、その遺伝は非メンデル性遺伝（細胞質遺伝）とよばれる。一方、染色体上のゲノムとは全く無関係というわけではない。何らかの方法で断片が交換されたり、遺伝子発現で協働したりすることも報告されている。

　このようなゲノムの全体像を概観したところで、いよいよ本題である育種について分け入っていくことにする。

第2章
品種および品種改良（育種）とは何か

　育種は、新しい品種を作り出すことである。この品種（cultivar・variety）には、二通りの定義が可能である。それは、分類学上の定義と農業上の定義である。先に分類学的立場から品種を考えよう。

分類学上の品種

　生物を分類する際に基本となる単位は、本書のタイトルでもある「種（しゅ）」である。品種は種よりも下位の単位で、種のすぐ下の亜種（subspecies）のもう一つ下に位置するとされる。種そのものは、さまざまな観点から定義できる。分類学の父といわれるC. von リンネは、メンデルあるいはダーウィンよりも一世紀前の18世紀から、種を単位として生物全体にわたる壮大な分類体系を築き上げてきた。

　おそらく最も常識的な種の定義は、形態的に似たものの集まり、であろう。ある種があるとすると、それは他の種とは明らかに異なる何らかの形態的特徴を備えているはずである。これらの種のうち、比較的似たものが集まって種の上位の単位である属、さらに連、科、目、綱、門、界と広がっていく。最近はさらに、その上に超界またはドメインがおかれている。これは、生物間の似かより具合がそれらの形態的特徴のみではなく、塩基配列やアミノ酸配列レベルで定量化できるようになったことによる。現在では、地球上の全生物は、細菌、古細菌および真核生物の３ドメインのいずれかに分類される。われわれヒトは、真核生物のごく片隅に位置する。また、分子生物学的観点からは、海にすむクジラと陸にすむウシは、同じ鯨偶蹄目に属する。

　種の話に戻ろう。上記の種概念は、初めから与えられたもの（おそらく神によって）として描かれた静的な世界観に基づいていた。しかし、

事実として種は変化し、その一方で、ある種からは通常は同じ種が生まれる。このような動的世界観に基づく種はどのように定義できるか。T.ドブジャンスキー等は20世紀になって、種とは共通の遺伝子プール（この場合はアレルのプール）を共有するような集団、と考えた。これによれば、ある種に属するメンバーの間では、有性生殖によって互いのアレルを交換し、新たな遺伝子型をその子孫に構築しうるが、異なる種の間のメンバーではそのような交換は行われない、ということで、それぞれの種に特有のアレルの持ち合わせ（遺伝子プール）を共有することになる。その結果、種は他とは異なる形態的に似たものの集まり、という形態種の概念に対応するようになる。実際には、いちいち交雑実験等でアレルの交換可能性を検証することは難しい。特に絶滅種では不可能である。そこで現実的には、様々な観点から総合的に種を同定することになる。そういった種には、万国共通の種名（学名）がラテン語で与えられる。例えば植物のイネの種名は、*Oryza sativa* L.で、最初の*Oryza*は属名でもある。L. はLinné（リンネ）の略で命名者をあらわすが省略されることもある。この種名については、精査の結果、変更されることも多々ある。最近では、従来*Lycopersicon esculentum* Mill. であったトマトの種名が、ジャガイモ（*Solanum tuberosum* L.）と同じ属として*Solanum lycopersicum* L. となった。

　それでは品種とはなんであるか。それは、種の下位の単位であるので、異なる品種間でも自由にアレルの交換が可能である（同じ種であるから）が、その品種としては他とは異なる特性をもつ集団、といえる。このような品種間では相互交雑によりアレルの交換が可能であることは、次に述べる農業上の品種を考える上で極めて重要である。

農業における品種

　UPOVという、農業上の品種保護に関する国際機関が存在する。これは、Union Internationale pour la Protection des Obtentions Végétalesの略称であり、植物新品種保護国際同盟を指す。本部をジュネーブに置き、その名のとおり新たに生み出される植物品種の育成者の権利を保護することを設置目的にしている。これは、品種の育成（育種）には、特許と同様の権利が認められるからである。したがって、他人が手間ひまかけて育成した品種をこっそり手に入れ自分が作ったように振る舞うと、それなりのペナルティーが課せられる。

　このUPOVが関連している国際条約に、「植物の新品種保護に関する国際条約、Convention Internationale pour la Protection des Obtentions Végétales」がある。日本も批准しており、同様の趣旨ですでに発効されていた国内の種苗法も、1998年からこれに合わせて改訂された。種苗法に基づき、新たな品種は特許と同様に育成者による申請、農林水産省による審査の結果、登録される。これによって育成権が保護される。

　この国際条約の中に、農業上の品種の定義がうたわれている。すなわち、品種とは、次の3条件を満足する集団である。

(1) 識別性（Distinctiveness）：他の品種と何らかの点で区別できる特性をもつこと

(2) 均一性（Uniformity）：そのような特性に関して集団内で均一であること

(3) 安定性（Stability）：そのような特性が集団内で（世代がかわっても）安定して発現すること（すなわち遺伝すること）

　これらの条件は、頭文字を用いてDUSとよばれることがある（図2-1）。国内の種苗法もこのDUSに準じて品種を扱っている。実はもう一つ、品種の定義にはこれまでの登録された品種とは別物である、という条件もあるが、生物学的意味合いはないので、ここでは省略する。本書では

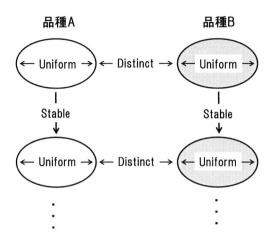

図2-1　識別性・均一性・安定性

このDUSを、育種を考える出発点に据える。そしてこのDUSの全てには、集団（品種）の遺伝的構成が深く関わってくる。育種とは、集団の遺伝的構成を人間の都合の良いように改変することといえる。これはすなわち、ヴァヴィロフのいうように、人間の意志によって方向づけられた生物の進化である。

集団の遺伝的構成

　品種は、生物集団に対して定義される。したがって、育種は一般に集団を対象とする。これは植物のみならず、動物（家畜やペット）でも微生物でも同じである。種牛や競走馬のように一個体が莫大な経済的価値をもつものは別として、集団を対象として扱う植物において、あるいは動物や微生物でも、品種や育種を考える上でDUSは深く関連する。

　育種において重要となる集団の遺伝的構成に関しては、鵜飼・藤巻（1984）に倣って2種類の対立軸を考えればよい。それは「同質／異質」の軸と「ホモ接合体／ヘテロ接合体」の軸とである（図2-2）。ホモ接

合体とヘテロ接合体はすでに詳述した。新たな同質と異質については、その集団が遺伝的に、少なくとも対象とする（遺伝しうる）特性については、それぞれ同じものからなる場合と異なるものが混在する場合、という意味である。したがって、これらの組み合わせとして、同質ホモ集団、同質ヘテロ集団、異質ホモ集団そして異質ヘテロ集団、以上の4種類が存在しうる。すなわち、前三者はそれぞれ、同一のホモ接合体から、同一のヘテロ接合体から、異なる様々なホモ接合体からなる集団である。最後の異質ヘテロ集団は複アレルの場合に出現し、異なるヘテロ接合体が混在した集団と考えることができる。さらにホモ接合体もヘテロ接合体も考慮しない場合が育種にはあり、それらは同質集団、異質集団とそれぞれよぶことにする（図2−2）。

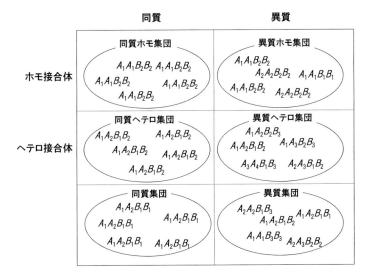

図2−2　集団の遺伝的構成

　このような集団の遺伝的構成からみると、「育種とは優秀な同質ホモ集団（無性生殖植物なら同質集団）を作り出すことである」、というこ

とができるのである。このようないささか唐突な定義がなぜ可能かつ重要であるのかを、次に説明しよう。

育種とは？

　DUSのDについては、その集団がこれまでとは異なる特性をもつものでなければならない。しかもその特性はSのように遺伝するものである必要があるが、これについては後で詳述する。Uについては、そのような遺伝的特性について集団内で均一であることが要請される。このようなDUSを満足するような集団、すなわち品種の遺伝的構成は何であろうか。

　まず、同質ホモ集団は、それ自体でDを満足すればそのまま品種になりうる。なぜなら、ホモ接合体の子孫は、親と同一の遺伝子型にならざるを得ない。それは、その遺伝子座では雌でも雄でも同一のアレルをもつ配偶子しかできないからである。したがって、この集団はSを満足する。しかも同じホモ接合体由来の集団の遺伝子型はすべて親と同じなので集団はこのホモ接合体で均一である。したがって、最後のUもこの集団は満足する。このように、同質ホモ集団を最終目標の品種として作り出す育種の方法が、後に述べる純系選抜法、系統育種法、集団育種法、戻し交雑育種法、集団選抜法、単純循環選抜法等である。これらはすべて有性生殖を行う植物に適用される（図2−3）。

　一方、植物の中には有性生殖ではなく、配偶子形成を経ず親の栄養器官（葉、茎、根など）の一部を用いて子孫を作るものも数多く存在する。例えば、農業的にはジャガイモは地下茎（いわゆる種イモ）、サツマイモは茎（つる）を基に次世代を作る。これらは無性生殖あるいは栄養繁殖とよばれる。このような栄養繁殖性植物では、後に述べるような減数分裂における遺伝的組換え（組換え植物を生み出す遺伝子組換えとは全く異なる）を経ないで次世代ができるので、ヘテロ接合体でも分離せず、

親と同一の遺伝子型が次世代へ伝達される。したがって、栄養繁殖性植物の同質集団は、ホモ集団ではなくてもＵもＳも満足する。これでＤを満足すれば、この同質集団は品種になりうる（図2−3）。

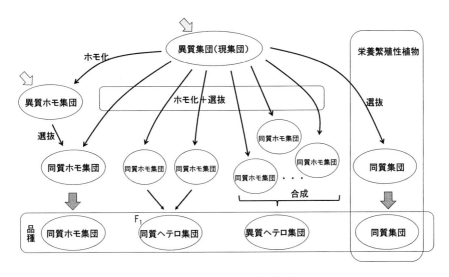

図2−3　植物育種の体系

　それでは、それ以外の遺伝的構成は品種にはなれないか。そうではない。その一つ、同質ヘテロ集団は、立派な品種になれる。これは、同一のヘテロ接合体からなる集団のことであった。ヘテロ接合体は、その遺伝子座について異なるアレルをもつ両親を交雑すれば、雑種第１世代すなわちF_1世代で生じる。ヘテロ接合体であるF_1が両親よりも農業的に優秀な性質を示す場合がある、という事実（そうでない場合もあるが）は、最初は動物（家畜）で、後に植物でも、広く認められてきた。この現象は、雑種強勢（ヘテロシス）とよばれている。この雑種強勢を十分に発現するようなF_1集団、ヘテロ集団は、その意味でＤを満足する。もしも、その両親それぞれが同質ホモ集団であれば、それらの交雑で生じるF_1

集団はUを満足する同質な集団である。かつ同質ホモ集団である両親の遺伝子型は上述のように毎世代変化しないので、それらを交雑するたびに生じるヘテロ接合体の遺伝子型は同一である。したがってこのような同質ヘテロ集団はSも満足するので、品種になりうる（図2-3）。このような育種法に関するものは雑種強勢（ヘテロシス）育種法、組み合わせ能力循環選抜法、相反循環選抜法等であり、特に雑種強勢育種法は、後に述べる他殖性植物の代表的育種法であって、多くのトウモロコシ品種あるいはアブラナ科植物の品種がこれにより育成されている。またヘテロシスを発現しうる自殖性植物にも適用されている。

それ以外の遺伝的構成ではどうか。異質ヘテロ集団は、Uについてある程度譲歩すれば品種になりうる。これは、先ほどの雑種強勢育種法では両親として2種類の同質ホモ集団を用いたのに対して、3種類以上の同質ホモ集団を用いる。これらは、遺伝子型は異なるが互いに雑種強勢を発現するような複数のヘテロ接合体集団を生み出すように育成する。これらの同質ホモ集団の相互交雑種子を混合して（合成とよぶ）、その当代、次世代、次々世代等で自然交雑によって生じる異質なヘテロ集団を品種とするのである。これは、合成品種法とよばれ、他殖性の牧草の育種で用いられる（図2-3）。最後の異質ホモ集団を品種とする場合は、例は少ないが多系品種法が挙げられよう。これは、複数の同質ホモ集団を状況に応じて混合して栽培するもので、異質ホモ集団の品種になりうる（図2-3では省略）。

以上のように、品種自体は同質ホモ集団ではないものもある。しかし、すべての場合、品種の成立には同質ホモ集団の育成が必須である（図2-3）。したがって、説明が長くなったが、育種とは何らかの意味で優秀な同質ホモ集団、無性生殖植物では同質集団、を育成することといえる。それでは、具体的にどのような流れにそって、同質ホモ集団を育成するのだろうか。これに入る前に、この問題に深く関わる植物の繁殖様

式とそれに付随する事柄について述べる。

植物の繁殖様式と遺伝子型頻度の変遷

　植物は、動物や微生物に比べて、次世代をどのように作り出すか、という繁殖様式に関して大きな多様性があり、しかも同一植物でも複数の繁殖様式を用いるという特徴がある。植物の繁殖様式には、大きく有性生殖と無性生殖があることはすでに述べた。高等動物で無性生殖を行うものはまずない。そこで、人工的なクローン動物が驚きの目をもって見られるわけである。

　繁殖様式を表わすもう一つの観点として、次世代を生み出すのに種子を用いる種子繁殖と、種子以外の栄養器官（葉、茎、根など）を用いる栄養繁殖とを区別するやり方がある。多くの場合、種子繁殖は有性生殖に、栄養繁殖は無性生殖に対応するが、種子繁殖でもその種子が受精によらず単為発生に由来する場合があり、これをアポミクシス（無性的種子繁殖）とよび、無性生殖とされる。いずれにせよ、無性生殖植物では、前世代の遺伝子型がホモでもヘテロでもそのまま次世代に伝達される。

　有性生殖の中でも、植物は遺伝的観点から２種類の繁殖様式をとる。それが自殖性（自家受精、autogamy）と他殖性（他家受精、allogamy）である。

　自殖性とは、雄性生殖器官（雄しべ）と雌性生殖器官（雌しべ）とが同一の個体に存在し（雌雄同株）、同一花内に同居して（両性花、両者は数mmしか離れていない）、それらの間（同一個体であるので同一の遺伝子型であることに注意）で受粉、受精が行われ、その後代がすべて正常であることである。高等動物では、雌雄同株は少数見られるが、貝類の一部のようなごくまれな例を除き自殖性のものはほぼない（少なくとも家畜では皆無）。このように、自殖性は植物独特の現象で、特に作物では、イネ、普通コムギ、オオムギ、ダイズ、エンドウ、等々あまね

くみられる。なお、場合によっては一部で他殖するものも存在する。

　自殖性がもたらす遺伝的結果で最も重要なのは、ヘテロ接合体遺伝子座では自殖の繰り返しによって毎世代分離がおこり、ヘテロ接合体遺伝子型の頻度が前世代の1/2に必ず減少することである。これはメンデルもその論文中で指摘していた。したがっていずれは、1個の遺伝子座でヘテロ接合体のものからは、実質的に2種類のホモ接合体が等頻度で存在する集団が生まれる（図2－4A）。これがn個の遺伝子座でそれぞれ生じると、2^n種類のホモ接合体からなる集団となる。これは、異質ホモ集団そのものである。

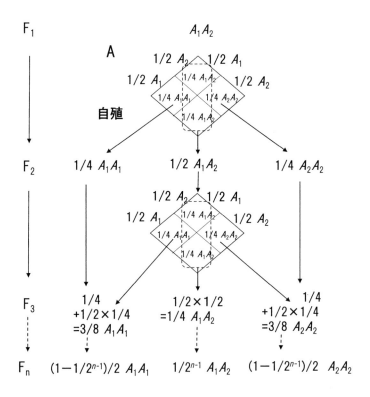

図2－4A　世代更新にともなう遺伝子型頻度の変化（自殖の場合）

　それではなぜ、このような自殖性が植物で発展し、動物ではないのか。自殖は、最も強烈な近親交配（縁の近い者同士を選んで交配すること）、すなわち自分自身との交配である。上記のように、自殖の結果生まれるホモ接合体では、ヘテロ接合体で隠れていた生存上有害な潜性アレルもホモになり発現するようになる。これによってその個体が弱勢もしくは生存不可能になることがある。これは近交弱勢と呼ばれ、雑種強勢とは逆の現象である。高等動物では、この近交弱勢が極めて深刻となる。一方、自殖性植物ではなぜか問題にならない。むしろ、一旦ホモ接合体になると（ゲノムのほぼすべてでホモ接合体になったものを純系と

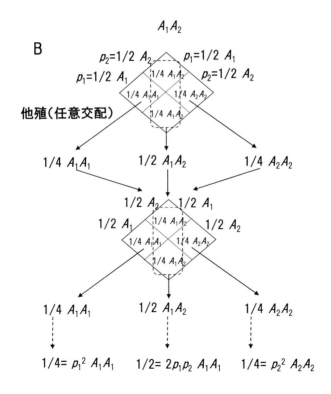

図２−４B　世代更新にともなう遺伝子型頻度の変化（他殖(任意交配)の場合）

よぶ）、無性生殖と同様、同一遺伝子型を世代がかわっても保持できる。さらに、単独の個体が新たな生育環境におかれても、次世代集団を容易に拡大できる。このような点が自殖性植物の存在根拠の一つであろう。

　もう一つの他殖性とは、自殖性とは反対に、異なる個体の間で受粉、受精が行われることである。したがって、異なる遺伝子型をもつものの間での受精となる可能性が大いに生じる。他殖を助長し自殖を防ぐために、雄しべと雌しべが別々の花に存在する単性花（雄花と雌花のような雌雄異花）である場合、それらが異なる個体に分かれている場合（雄株と雌株のような雌雄異株）等がある。高等動物では、ごく普通の現象であり、他殖性の方が自然なシステムと考えられ、自殖性がこれから分かれたと思われる。また、たとえ両性花の場合であっても、雄しべと雌しべの熟して機能をもつ時期が異なる（雌雄異熟）場合や、遺伝的に自殖できない機構である自家不和合性をもつ場合もある。作物では、トウモロコシ、ライムギ、ソバ、ホップ、ホウレンソウ、多くのセリ科植物（ニンジン等）、バラ科植物（リンゴ等）、アブラナ科植物（ダイコン等）が他殖性植物の例として挙げられる。ホップやアサは、性染色体によって雌雄が決定される。

　他殖性植物集団では、一般に任意交配（random mating）が行われる。任意交配とは、ある個体がその集団内のどの個体とも等しい確率で受精することをいう。これは、必ず自分自身としか受精しない自殖性の対局にある。このような任意交配集団で、もしも遺伝子頻度（アレル頻度）、すなわちある遺伝子座上のあるアレルの全体に対する割合が、世代がかわっても変化しなければ、遺伝子型頻度も変化しない、というハーディ・ワインベルグの法則がなりたつ。この法則は、メンデルの法則再発見後にイギリスの数学者G. H. ハーディとドイツの医師W. ワインベルグによって独立に提唱された。この時の遺伝子型頻度は、もしもその遺伝子座に2アレル、A_1とA_2があり、それぞれの頻度がp_1とp_2であったな

らば（A_1A_2のヘテロ接合体から出発するなら$p_1 = p_2 = 1/2$）、A_1A_1：A_1A_2：A_2A_2の比率はたった一度の任意交配で$p_1^2 : 2p_1p_2 : p_2^2$という２項展開の形になり、この状態で平衡に達する（ハーディ・ワインベルグ平衡）（図2－4B）。これは、魚類の体外受精のように各個体から放出された雄性配偶子と雌性配偶子がランダムに受精するので、受精する確率は積事象の確率となり、それぞれの配偶子の頻度の積（ただしA_1の雄性配偶子とA_2の雌性配偶子が受精する場合とA_2の雄性配偶子とA_1の雌性配偶子が受精する場合は和事象なので合計する）であることから明らかである。これは、自殖性では放置するとヘテロ接合体が必ず半減を繰り返しホモ接合体が増加する、ということとは全く異なり、そのままではホモ接合体は増加しない（図2－4B）。このような他殖性植物でどのようにホモ集団を作成するか、については後で詳述する。

　重要なのは、自殖性植物でのような近親交配では、その影響が全ゲノムに等しくおよぶが、他殖性植物でのような任意交配では、先述のハーディ・ワインベルグの法則は個々の遺伝子座について影響することである。したがって、ある遺伝子座ではハーディ・ワインベルグ平衡になっていても他の遺伝子座ではそうではない場合が多々ある。そうではない場合を生み出すのが選択交配(assortative mating)である。これは、交配、受精の際に、相手がランダムではなくある基準で選択されているものである。選択の基準が血縁関係の近いものであれば近親交配になるが、そうでない場合は、上記のようなことが生じる。

育種の流れ

　それでは、いよいよ世界中の数多くの植物で行われている育種、すなわち優秀な同質ホモ集団あるいは同質集団の開発の具体的な流れについてみてみよう。それは、おおよそ次のようなステップを踏む（図2－5）。本書では（4）を除いた項目について詳述する。

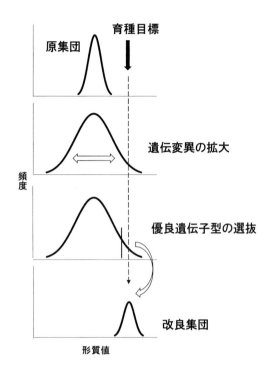

図2－5　植物育種の流れ

(1) 育種目標の設定
(2) 育種目標を実現する優良アレル・遺伝子型を含むような遺伝変異の拡大
(3) 拡大された遺伝変異からの優良アレル・遺伝子型の選抜
(4) 優秀な同質ホモ集団の確立と増殖

　育種は、何となく目標もなしに行われるものではない。何らかの課題があるからこそ、行われる価値がある。その目標を育種目標とよぶ。例えば、収量を増やしたい、病気にかかりにくくしたい、味や品質を向上させたい、水が不足しても十分に育つようにしたい、等々である。したがって、育種目標をまず設定することは、育種のスタートとして当然で

ある。一方、最終的に育成された品種が、当初の育種目標以外の面で優れたものになっている場合もある。良食味で有名なイネ品種の 'コシヒカリ' の当初の育種目標は、イモチ病に対する抵抗性をそれまでの品種に持たせることであった。その点では、'コシヒカリ' は当初の育種目標を達成しているとはいえない。

　育種目標に適うものがすでに手元にあれば、わざわざ育種を行う必要はない。適うものがない場合には作り出す、あるいは収集する必要がある。育種では、欲しいものを遺伝的にデザインしてそれだけを作り出すことは、極めて特殊な例を除きコストの面も含めて非常に困難である。そこで通常は、目標となるものを含むように遺伝的な変異幅をまず拡大して、その中から目標とする遺伝子型、アレルをもつものを選び出し同質ホモ集団を得る、という一見回りくどい戦略をとる。そもそも育種は気の長い仕事で、植物にもよるが通常は一つの品種が生まれるまでに10年以上の年月がかかる。数日や数か月でできるようなものではない。そのようなステップの中の遺伝変異の拡大について、次に述べる。

第3章
遺伝変異の拡大

　遺伝変異（genetic variation）とは、遺伝するようないろいろなものが存在する、その在り様ととらえればよい。それに対するのが、非遺伝変異、もしくは環境変異であり、これは次世代には遺伝せず、その世代かぎりのものである。最近では、遺伝変異の代わりに遺伝的多様性という用語が置き換わろうとしているが、本書では変異という用語を用いる。

　育種において遺伝変異を拡大する方策は、次のようにまとめられる。これらはもちろん、組み合わせても行われる。

（1）すでに存在するが未利用であるアレルの探索・利用

（2）すでに存在するアレルの組み合わせを変えることによる新たな遺伝子型の創生

（3）新たなアレルの創生、あるいはアレルの数のゲノム単位での増加

（4）交雑不可能な他の種からのアレルの導入、あるいはアレルの編集

　ここでいうアレルは、必ずしも1個ではなく極めてたくさんである場合が一般的であり、これが大きな問題となる。以下、この順番で述べていく。

遺伝資源の導入

　植物によっては、日本国内でも道端や森の中、山奥の畑の中等に、いまだ利用されていないが現在あるいは将来的に利用可能な有用なアレルをもつものが存在するかもしれない。在来品種や地方品種も、これに含まれる。これらは、遺伝資源（genetic resources）とよばれる。育種が進んだ植物では、さすがに目の届く範囲にはこのような宝物は残っていない場合がほとんどである。したがって、国外も含めてこのような遺伝資源を探索し、導入、保存する必要がある。

　もしも、欲しいものが明確であって、これまでの経験から特定の地域に生息していることが明らかであれば話は簡単で、そこへ赴いて採ってくればよい。これまでも17世紀以来今日でも、依頼主の個人的趣味から、プラントハンターたちが未開の土地へ分け入って珍奇な植物を採取している。

　一方で、そのような特殊な情報がない場合、また、その種での対象を特定せずにさまざまなものを幅広く収集する場合には、その種の遺伝変異がなるべく豊富である場所へ赴くのが効率的である。このような場所を（第一次）多様性中心とよび、多くの場合、その植物の起源地と重なる。冒頭で紹介したヴァヴィロフは、それぞれの種の形態的な特徴、多様性から、合計7か所の主要な多様性中心を世界地図上に記した。現在では、形態的特徴に加えてゲノムレベル（塩基配列レベル）での情報から、多様性中心が論議されている。

　ただし、古典的なプラントハンターの時代とは異なり、現在では遺伝資源を採取しても、その当地、保有国からの持ち出しには十分な配慮と手続きが必要である。これは遺伝資源から得られるかもしれない恩恵を採取者のみに独占されることを防ぎ、保有国の権利を守るためである。最近では、「生物の多様性に関する条約の遺伝資源の取得の機会及びその利用から生ずる利益の公正かつ衡平な配分に関する名古屋議定書（略称、名古屋議定書）」が2010年に定められ、その遵守が強く求められている。これには植物以外の動物や微生物も対象である。

　いずれにせよ、導入された植物に対しては様々な特性評価を行う。その後に、種子繁殖するものはそれらの種子を乾燥低温状態で長期保存する。日本で最大の施設は農林水産省の農業生物資源ジーンバンクで、植物では約24万点が保存されている。世界的には、それ以上のジーンバンクが主要各国によって設置されている。最近では、北極海にうかぶスヴァールバル諸島のひとつ、スピッツベルゲン島の地下に巨大な施設が

建設された（スヴァールバル世界種子貯蔵庫、「現代版ノアの方舟」と
よばれる）。これらの遺伝資源は数年おきに種子更新され、配布できる
状態にある。その他、種子繁殖しないものは栄養繁殖によって維持する。
これらは、そのまま後に述べる選抜の対象となり、直接、間接的に育種
に提供される。

交雑後代での減数分裂における遺伝的組換え

　遺伝資源でも既存の品種でも、それらを直接用いて新たな品種を育成
することは難しい。そこで、それらが保有する既存のアレルの組み合わ
せを変える、すなわち新たな遺伝子型を無作為に作り出すことで、遺伝
変異を拡大する。これは、まず異なる遺伝子型をもつものの間で交雑を
行い、その後代での減数分裂における遺伝的組換えによる。

　ここで、遺伝的組換え（genetic recombination）について説明する。
遺伝的組換えは遺伝子組換えとは全く異なり、有性生殖を行う生物では
ごくありふれた現象である。しかし、約12億年前に出現したといわれる
有性生殖および減数分裂という遺伝的組換えを生じるシステムは、育種
はいうにおよばず、生物の進化にとって革命的な突破口を与えた。

　遺伝的組換えは、異なるアレルを座上させる二つの遺伝子座、すなわ
ちヘテロ接合体である2遺伝子座に対して基本的に定義される。例えば
*AaBb*のように、である。このヘテロ接合体の両親それぞれに由来する
配偶子が、例えば*AB*と*ab*であったとする（両親がともにホモ接合体な
らそれらの遺伝子型は*AABB*と*aabb*）。ここで、そのF_1であるヘテロ接
合体での減数分裂の結果生じた配偶子の遺伝子型は、後述のように*AB*、
Ab、*aB*および*ab*の4種類である。両親の配偶子と子の配偶子を比較す
ると、両親にはないもの、*Ab*と*aB*が出現している。これらを組換え型
とよび（そうでないものは非組換え型）、組換え型配偶子が生じる現象を、
遺伝的組換え（または組換え）とよぶ（図3−1、この図では3遺伝子

座について図示）。もしも、両親由来の配偶子が*Ab*、*aB*なら組換え型は
AB、*ab*である。ここで、*A*は*a*に対して、*B*は*b*に対して完全顕性とする
と、両親由来配偶子が*AB*、*ab*の場合を相引、*Ab*、*aB*の場合を相反と
よぶ。この違いは、案外大きな場合がある。それでは、このような組換
えは減数分裂でどのように生じるのだろうか。

　減数分裂（meiosis）は、体細胞分裂（mitosis）とは異なり、配偶子
生産に関わる雄もしくは雌の生殖器官の生殖細胞でのみ、その細胞につ
きただ1回行われる（正確には連続した2回、減数第一分裂と減数第二
分裂）。減数第一分裂の直前の間期には、体細胞分裂と同じくDNAの複
製が行われ、同一の情報をもつ2本の二本鎖DNA、すなわち後の染色
分体ができている。減数第一分裂期の前期は、さらに細糸期、合糸期、
太糸期、複糸期そして移動期に分けられる。このうち合糸期では、相同
染色体の対がそれらの相同な部分同士を正確に接着する。これを、対合

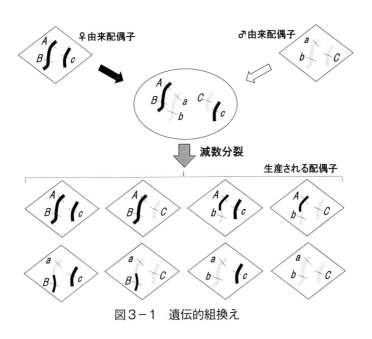

図3-1　遺伝的組換え

（ついごう、またはたいごう）とよぶ。この対合は、体細胞分裂では一般に生じない。また対合は、対合した1対の相同染色体の染色分体（結局4本あることになる）のうち、由来の異なる2本の染色分体（非姉妹染色分体とよぶ）の間で行われる。

　続く太糸期に、遺伝的組換えの一つ、染色体内組換え、別名、乗換え（交叉）が行われる。これは、その前の合糸期で対合した非姉妹染色分体の同一の箇所で切断が生じ、その直後に異なる非姉妹染色分体間で再結合が生じることによる（図3−2A）。結局、その箇所で二本鎖DNAが入れかわることになる。その結果、染色分体はよじれて交叉するように見える。この部分をキアズマとよぶ。このような説明は、日本の高校の教科書での説明、すなわちまず非姉妹染色分体がよじれ、その一部は部分交換する（部分交換しない場合もある）、という二面説とは異なるので、戸惑う読者もいるであろう。しかし本書で述べた乗換えの様式（キアズマ型説）は、実験的にも根拠があり（例えばFu and Sears 1973）、国外の教科書では採用されている。

　この段階では、染色分体は十分に凝縮しているので、乗換えが生じた場所の近傍では物理的にさらなる乗換えは生じにくい。したがって、1本の染色分体中、乗換えは何百回も生じるものではなく、せいぜい数回程度である。また、前段階で対合が何らかの原因により生じなかった相同染色体の間では、乗換えも生じない。さらに、その後の減数分裂も異常になる。

　もしも、先ほどの例の*A/a*が乗る遺伝子座と*B/b*が乗る遺伝子座が同一染色体上にあり、その間で1回乗換えが生じたならば、その結果、染色分体のつながりでみると、乗換えの生じなかった染色分体では、*A-B*と*a-b*、乗換えの生じた染色分体では*A-b*と*a-B*となる。後二者はもちろん、組換え型配偶子の原点となる（図3−2A）。

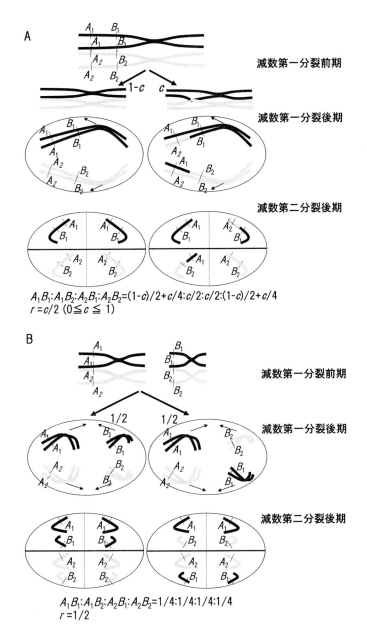

$A_1B_1:A_1B_2:A_2B_1:A_2B_2=(1-c)/2+c/4:c/2:c/2:(1-c)/2+c/4$
$r=c/2\ (0\leqq c\leqq 1)$

$A_1B_1:A_1B_2:A_2B_1:A_2B_2=1/4:1/4:1/4:1/4$
$r=1/2$

図3-2　染色体内組換え(A)と染色体間組換え(B)における組換え価

次の複糸期以降、対合していた相同染色体は次第に離れていく。これは体細胞分裂のようにいずれかの極といずれかの相同染色体の動原体が紡錘糸で連結され、次第に紡錘糸が短縮することによる。ただし、体細胞分裂とは異なり、染色分体はまだ分かれない。そして前期の後、中期、後期に至って、相同染色体のそれぞれは別々の極へと牽引されていく。一つの遺伝子座についてみると、例えばAとaは相同染色体の分離に伴い別々の極へと別れる。これがメンデルのいう「アレルの分離」を基礎付ける細胞学的根拠である（図3－2AとB）。なお、非常に稀ではあるが、体細胞分裂でも乗換えを生じる生物が報告されている。

　ここで、先ほどの例とは違って、A/aが乗る遺伝子座とB/bが乗る遺伝子座が異なる染色体上に存在したとすると、これらアレルの分離は、AとBが片方の極、aとbがもう片方の極へ分離する場合と、Aとbが片方の極、aとBが片方の極へ分離する場合とが等しい確率で生じる。このうち後の場合は、組換え型配偶子が生まれるもう一つの組換え、染色体間組換え、である（図3－2B）。日本の高校の教科書では、この染色体間組換えを組換えとはよばず、染色体の組み合わせの変化、と表現している。しかし本書の組換えの定義、組換え型配偶子が生じること、によればこれは立派な組換えといわざるを得ない。

　減数第二分裂は、第一分裂に続き間期なしでただちに行われる。したがって、ここではDNA複製は生じず、染色分体も複製されずに元のままである。この染色分体が、体細胞分裂後期と同じようにようやく均等的に両極へ分配されるのが、第二分裂後期である。2回の連続した分裂の結果、1個の細胞から4個の細胞が生じるが、これらが最終的に配偶子となりうる。これら配偶子は、減数分裂前の細胞と比較して、2セットあったゲノムが1セットのみであること（単相化）、その個体を作った両親由来配偶子の遺伝子型とは異なる遺伝子型をもつ可能性があること（遺伝的組換え）、といった重要な違いがある。

　組換えで生じた遺伝子型をもつ配偶子の、全配偶子に占める割合を、2 遺伝子座間の組換え価(r)とよぶ。すなわち、2 座が異なる染色体上、もしくは同一染色体上でも十分に離れている場合（2 座間で乗換えが自由に行われる場合）には、先述の減数第一分裂後期での分離に基づき、$r = 1/2$になり、各配偶子遺伝子型の頻度はすべて1/4になる（図3－2B）。それに対して、2 座が同一染色体上の近い位置にあると、その間で乗換えが生じる確率（図3－2Aのc）は距離に応じて低くなる。極端に近いと、cはほぼ0になり、組換え型は出現しない。実際にはr（これは$c/2$に相当、図3－2A）は0から1/2の間となり、1/2の場合には独立、1/2とは言い難い（1/2よりも十分に小さい）場合には連鎖している、とよぶ。このように、連鎖の程度が強い（rが0に近い）と、2 座上のアレルの組み合わせは、世代をこえても保たれる傾向が強くなる。

　さて、ここまでは2 遺伝子座での組み合わせ（遺伝子型）数について考えたが、これがn遺伝子座となると、一般的な両親間交雑では各遺伝子座で2 通りのアレルがあるので、全体では2^n通りの配偶子ができる。重要なのは、どの場合でも親と同一のものは2 種類のみであるので、組換え型配偶子かつそれらに由来するホモ接合体は$2^n - 2$種類できる。遺伝的に縁の離れたものを両親とすれば、このnは極端に大きくなる。したがって、その交雑後代に生じる組換え型の種類は、ただちに天文学的数値となる。生物の体内で何気なく行われているこのような減数分裂、有性生殖は、莫大な遺伝変異をいとも簡単に生み出す極めて効率的なシステムである。育種はそれを利用する。逆にもしも、非常に縁の近いものを両親に選ぶと、交雑後代で生み出される組換え型はわずかになることを注意されたい。いずれにせよ、このような遺伝的組換えが、その原理が理解されるはるか以前から現在にいたるまで、そして将来にわたっても、育種における遺伝変異拡大の最も効率的な手段であることは、たとえDNA操作技術が向上したとしても、間違いなく断言できる。

これまでは一般的に行われている両親間交雑を前提にしてきたが、3種類以上の親の中で相互に交雑を積み上げていくことも考えられる。すなわち、n 種類の親の交雑後代では最大 n 種類の複アレルの間での組み合わせが生じうるので、より幅広い遺伝変異の拡大が可能である。このような交雑を多系交雑（Multi-parent Advanced Generation Inter-Cross, MAGIC）とよぶ。

　組換えが生じうるヘテロ接合体は、その遺伝子座に異なるアレルをもつ親の間の交雑によって生じる。それでは、このような交雑を人為的に行うにはどうすればよいか。まず自殖性植物の場合には、放置すれば自殖するので、それを防ぐために花粉が散る前に母親となる個体の花の中の雄しべを全て除去する、あるいは失活させる必要がある。これを除雄とよび、メンデルも実験で行った。除雄では、ピンセット等で取り除く、あるいは吸引する方法、温湯につけて雄しべのみを失活させる温湯除雄法（イネや普通コムギ等）、雄性配偶子のみを失活させる除雄剤を散布する方法等が行われる。その上で父親となる個体から花粉を採取し、それを除雄した花の雌しべに受粉して人工交雑は完了する。

　他殖性植物の雌雄同株で自家和合の両性花の場合は上記と同様に除雄後に受粉する必要があるが、雌雄異株の場合には、それぞれを隔離栽培して受粉する。なお、他殖性、および一部の自殖性植物での一代雑種品種の F_1 種子を大量に獲得する際も人工交雑を行うが、これは交雑後代での遺伝的組換えを狙ったものではもちろんない。この場合には上記の除雄の代わりに雄性不稔性あるいは自家不和合性のようなスマートなシステムがたびたび用いられる。これについては、後で詳述する。また、果樹類等の栽培でも人工受粉が行われるが、この場合は果実の生育を促進するためで、育種とは無関係である。

　先ほど、遺伝的組換えによって拡大される遺伝変異は、ヘテロ接合体である遺伝子座数が多いほど、すなわち交雑に用いる両親間で縁が遠い

ほど大きいことを述べた。このような観点から、種内の交雑のみならず、種間や属間での交雑（種属間交雑）が試みられることになる。種をこえての交雑は、種の定義から見て矛盾するように思えるが、現実には可能な場合がある。一方で、種内交雑では生じなかった問題も克服しなければならない。

その問題の一つが、交雑不親和性（不和合性）である。これは花粉とそれが受粉した雌しべの柱頭上で反応が生じ、同種の場合には問題なく花粉が発芽して花粉管が伸長、これが卵細胞に至って受精が行われるが、異種の場合には花粉管が伸長せず受精できないことを指す。同種の場合でも、自家不和合性アレルがはたらく場合には、同じように花粉管伸長が起きない。これを解消する方法の一つに、橋渡し交雑がある。これは、本来交雑和合である種の花粉を受精できないように不活性化して受粉し、柱頭上での不和合性反応を解消した後に、目的とする異種の花粉を受粉する。

受精が成功しても、異種間ではその後の胚発育が異常になり、正常な胚組織ができない、すなわち雑種種子が得られない場合がある。その場合には、受精した胚もしくは子房を無菌的に切り出して組織培養を行う。これが胚（子房）培養で、これによって数多くの種間交雑個体が育成された。これは、これまでに行われた組織培養の重要な成果の一つである。

このようにして得られた異種間交雑の雑種個体は、両親由来の異なるゲノムを共有する場合が多い。そうなると、一般的に相同染色体の対が存在しない状況となる。したがって、減数第一分裂前期合糸期に相同染色体間の対合が生ぜず、後の分裂が異常になって不稔となり、結局、その雑種は一代限りとなる。家畜の馬とロバの雑種のラバが、それにあたる。これを解消する方法の一つが、複二倍体化（異質倍数体化）である。これについては、育種のみならず植物の進化に極めて重要な役割を果たしてきたので、倍数体のところで詳述する。

突然変異

　これまでの遺伝的組換えによっては、新しい遺伝子型は生じるが、それを構成する個々のアレルは元のままである。一方で、アレル自体を全く新しいものにしたい、すなわちある遺伝子座内での塩基配列のパターンを新しく作りだしたい場合も生じる。突然変異（mutation）は、そのような要望に応えられる。この用語も、最近ではmutationには「突然」という意味はないということで単に「変異」とよばれることになりそうであるが、本書では突然変異とよぶ。

　育種の立場からみた突然変異の特徴としては、新たなアレルが出現するにはするがその頻度が非常に低い、どこを変化させるのかを一般に制御できない、通常は正常な機能が喪失されたような潜性のものが大部分である、といったことが挙げられる。これらを理解するには、突然変異の発生機構を考える必要がある。

　突然変異は細胞単位で生じる。それは、DNA分子上に何らかの傷が生じることから始まる。傷害を与え突然変異を生じさせるような原因を、（突然）変異原とよぶ。これには物理的なものと化学的なものがある。

　物理的原因の代表は、電離放射線である。この中では、^{60}Coや^{137}Csのような放射性同位元素の原子核から発生するγ線が主として用いられる。原子炉から発生する中性子を用いる場合もある。またX線も同じエネルギーをもった粒子の流れであり、スイッチの入ったときのみ生じる。最近の、重いイオン粒子を加速して用いる重イオンビームもそれに当たる。このような高エネルギー粒子が直接DNA分子に衝突して切断等を引き起こすこともあるが、それは稀な事象である。一般的なのは、DNA周辺にあまねく存在する水分子が高エネルギー粒子の通過によって励起され、水和ラジカルのような高エネルギー分子が多数生じて、これらが拡散してDNA分子に対して無作為に傷害を与えることである。その後生じる突然変異が無方向性であることと、機能喪失型が大部分で

あることは、おそらくこれに由来する。

　こういったDNAに対する傷害発生は、変異原処理においてはそれほど稀なことではない。一方、このような傷害は、生物が長年蓄えてきた数多くのDNA修復機構によって、通常はただちに元通りに回復する。育種には用いられないが、紫外線照射によるピリミジンダイマー形成に対する可視光照射による光回復は、その一例である。もしくは、DNAに入った傷害が重篤であれば、それをもつ細胞は分裂を停止し、後に残らない。しかし、修復中に生じるミスあるいはその他の原因によって、元とは異なる形で修復される場合が非常に稀にある。例えば、塩基の置換、欠失、等である。この修復ミスを保持したままのDNAが細胞分裂を経て後の世代にまで残れば、これが突然変異となる。したがって、突然変異は生じるとしても低頻度である。

　化学的な変異原の代表は、エチレンイミンやエチルメタンスルフォン酸のような化学物質であろう。これらは、DNAの塩基をアルキル化しDNAに傷害を与える。これらが修復されるときに主として塩基置換が生じるといわれている。化学物質による処理は、電離放射線照射のような特殊で大掛かりな装置が不要であるという利点をもつ。

　育種での応用例は乏しいが、突然変異は上記のような経路以外にも、トランスポゾンによって生じる。トランスポゾンは転移因子ともよばれ、DNA中の数百から数kbpにおよぶある区間（遺伝子座とよんでもよい。多くの種類がある）が元の場所から他の場所へと転移酵素によって転移できるものである。転移した先に機能していた遺伝子座があれば、そこにトランスポゾンという異物が挿入されるので、通常はその遺伝子座機能が破壊され、突然変異（挿入変異）が生じる。これは大掛かりな修復に会うことは少ないようで、変異原による突然変異よりは高頻度で生じる。ただし、大部分の生物では、トランスポゾンは進化初期過程では転移していたが、現在ではごく一部（トウモロコシやイネ等のさらに一部

のトランスポゾン）を除き転移活性を失っている。既存の変異アレルを調べてみたら、そこにトランスポゾンが過去に挿入されていたという報告も様々な生物でなされている。また、前述の組織培養によっても突然変異の生じることがある。この原因の一つとして、培養が刺激になり、トランスポゾン、特にレトロトランスポゾンの転移頻度が高まることが指摘されている。

　これまでの話は、細胞の中で生じる突然変異であった。一方で、育種ではその個体の全細胞が突然変異細胞からなる突然変異個体、あるいはその集団が必要である。突然変異細胞から突然変異個体がどのように生じるのかが、育種では重要である（図3－3）。

　二倍体のホモ接合体を想定してみよう。その中のある遺伝子座の遺伝子型が*AA*であったとする。この遺伝子型をもつ細胞が突然変異を起こすと、両方のアレルが同時に変異することはまずあり得ないので、正常機能が欠損した変異アレルを潜性の*a'*とすると通常は*Aa'*となる。すなわち、この遺伝子型はヘテロ接合体であり細胞単位でも表現型にはあらわれない。もしも変異原処理した直後に、そのホモ結合体の個体や細胞に明らかな変化が生じたなら、それは突然変異というよりも、変異原処理による一時的な生理障害（放射線障害等）である。

　いずれにせよ、この*Aa'*をもつ細胞は生体のどこに生じるかはわからない。処理上の簡便さから種子に処理することが多いが、そこでたまたま種子中の成長点（地上部へと向かう茎頂分裂組織と地下部へと向かう根端分裂組織のうちの前者）に変異が生じたとする。茎頂分裂組織では体細胞分裂でできた細胞を自分の下に積み上げていく。これらの細胞群では、変異細胞と正常細胞が混在したキメラ状態になる。このような状況で変異細胞が正常細胞との競合に敗れて消滅すれば、それでお終いである（図3－3）。

　一方、茎頂分裂組織で作り出された細胞は、葉や茎、根等のさまざ

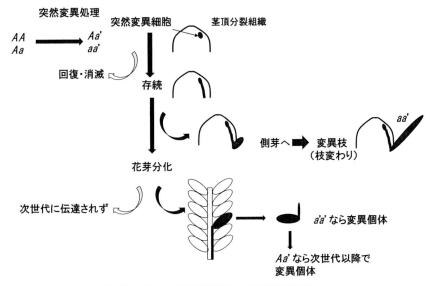

図3-3　突然変異細胞から突然変異体へ

　な組織、器官へと分化する。その際、多くはファイトマーとよばれるある単位を形成するように分化する。イネ科植物の場合、このファイトマーは通常、葉（葉身、葉鞘）と程、根の原基、そして側芽（腋芽、不定芽、分げつ芽）から構成される。側芽には上記と同様に茎頂分裂組織があり、これが発生、伸長するとやはりその下にファイトマーを積み上げで器官を作っていく。これが枝分かれで、植物に多くの枝が生じる所以である。したがって、少なくとも作物のような高等植物は、一種のフラクタル、自己相似的構造を成すことになる。

　さて、上記の変異細胞が消滅せずに側芽になるところにたどり着いたとする（図3-3）。そうすると、その側芽から伸長した枝の全ては突然変異細胞からなりキメラ状態は解消される。もしも、最初の前提とは異なり、その遺伝子座が*Aa*とヘテロ接合体であったとする。そ

して顕性アレルAが突然変異するとaa'となり、表現型は正常細胞と異なるものになる。この変異細胞が枝すべてを占めると、その枝は肉眼観察でも他と見分けられる場合がある。これが枝変わり（変異枝）であり、これを切り出して栄養繁殖すれば変異個体となる。これは、栄養繁殖性でヘテロ接合体であることが多い果樹や他の園芸植物等で人為突然変異品種あるいは自然突然変異品種として広くみられる。枝変わりを出現しやすくするため、通常は最も伸長活性の高い頂部を刈り取り、側芽の伸長を促す切り戻しも行われる。果樹等の場合には、種子に変異原処理するのではなく、大きくなった生体に処理（生体処理）するのが一般的である。それは種子から生体になるまで、時間がかかるからである。これを放射線照射で行うのがいわゆるガンマフィールドで、国内では唯一、茨城県常陸大宮市に設置されていたが、2019年6月に照射業務は終了となった。

　側芽の茎頂分裂組織でも最初の種子中茎頂分裂組織でも、通常は最終的にファイトマーの分化をやめて、ある時点で生殖成長のための器官に変化するという、成長相の転換が生じる。この生殖器官に突然変異細胞がたどり着いていれば（変異枝の生殖器官では高確率でそうなる）、この変異細胞中の変異アレルが、減数分裂を経て配偶子に至ることになる（図3－3）。そして、それが他の正常配偶子と受精すると、その受精卵に由来する次世代個体はキメラではなくすべての細胞がヘテロ接合体となる。したがって、その次世代、変異原処理の次々世代で突然変異アレルに関するホモ接合体が分離してくる。自殖性植物の処理当代で両性の配偶子がともに変異アレルを持てば、処理次世代で突然変異個体が分離するのはいうまでもない。このように、変異原処理した数世代後になって、分離してくる突然変異個体を選抜することになる。

倍数体

　次に、倍数体（polyploid）について考える。倍数体は、先述のように
ゲノム単位で染色体数が増加したものである。高等動物では通常、ゲ
ノムが２セットある二倍体が大多数であるが、植物では倍数体である種
が多い。倍数体には、同一ゲノムが増加する同質倍数体と、異なるゲノ
ムが組み合わさって増加する異質倍数体の区別がある。いずれもゲノム
が３、４、５セット等々と増加すれば、それぞれ同質三倍体、同質四倍体、
同質五倍体等々、あるいは異質三倍体、異質四倍体、異質五倍体等々と
なる。因みにゲノム単位で減る場合、二倍体からは単一ゲノムをもつも
のしか生じないが、これを半数体（単相体）とよぶ。配偶子は、当然、
半数体である。半数体も育種では重要な役割を果たすが、これについて
は後述する。

　染色体数の倍加は、どのように生じるのだろうか。これには、すでに
述べた体細胞分裂の過程を振り返る必要がある（図3-4）。体細胞分
裂の分裂期開始時には、その直前の間期でDNAが元の二本鎖分子と完
全に同一の配列をもつ２本の二本鎖DNAになっており、それらがそれ
ぞれ染色分体として凝縮している。すなわち１本の染色体は完全に同一
の遺伝情報をもつ１対の染色分体から成っている。これら染色分体の
各々が、分裂期の後期に別々の極へと均等的に分配される。そして細胞
質分裂が生じてそれぞれの極に集合した染色体のセットが次の分裂周期
の核になる（図3-4）。

　ここで、分裂後期に染色分体が分かれても紡錘糸が機能しないと極に
までは移動せず、かつ細胞質分裂も阻害されて１個の細胞のままとなる
と、結局、染色体数は倍加して、ゲノムは４セット存在することになる
（図3-4）。一度これが生じれば、次の分裂周期には最初から４セット
の染色体がそれぞれ複製される。このようにして二倍体細胞から四倍体
細胞（これは同質四倍体）が生じる。このような倍加は自然条件下でも

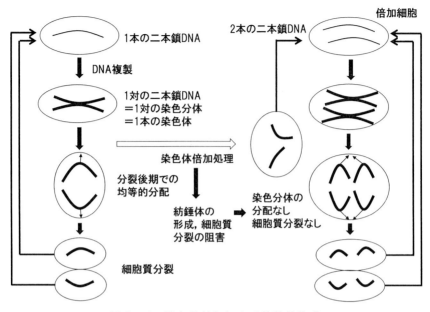

図3-4　染色体倍加による倍数体作成

生じることがあるが、育種ではコルヒチン（イヌサフランの根由来のアルカロイド）のような倍加剤の茎頂分裂組織への塗布や滴下が倍加によく用いられる。この処理によって紡錘糸形成および細胞質分裂の阻害が通常一度だけ生じ、倍加細胞が生まれる。倍加細胞から倍加個体が生じる過程は、突然変異の場合と同様である。しかしヘテロ接合体がホモ接合体となるプロセスは不要で、また倍加細胞が生じる頻度もはるかに高い。

　このように四倍体のような2^n倍体の同質倍数体はできるが、三倍体や六倍体のようなそれ以外の同質倍数体はどのように生じるのか。それは、例えば同質三倍体は、四倍体と二倍体の交雑F_1がそれにあたる。六倍体は、八倍体と四倍体のF_1、もしくは三倍体が倍加すればよい。このようにして、あらゆるレベルの倍数体が生じうるが、実際には一つ

の核内に収まりきれる染色体数には限度があり、実用的にはせいぜい八倍体程度までであろう。

　育種の場面で同質倍数体が活用されるのは、一つには栄養体を遺伝的に大型化する場合である。これは染色体数の増加によって細胞が大型化するからである。これは栄養体収量増加の一助になる。もう一つ重要なものは、無核化、すなわち種無し作物の育成である。有名な例は種無しスイカで、前述のように同質四倍体のスイカを二倍体のスイカと交雑して得られた同質三倍体がそれにあたる。三倍体の場合、減数第一分裂前期の合糸期に対合できる染色体が3本あるので、この段階で対合が異常となり、それ以降の分裂が不全となって、結局配偶子形成が失敗に終わる。したがって受精ができずに種子ができない。同様の理由で、同質四倍体等の偶数倍数体でも稔性は低下し、種子が生じにくい。

　異なるゲノムが組み合わさることで生じる異質倍数体は、異なるゲノムをもつ種や属の間の交雑が出発点となる。前述のように、このような種属間交雑のF_1ができたとしても、一般に相同染色体が存在しないので減数分裂の対合以降が異常になり不稔となる。例えばAゲノムをもつAAとBゲノムをもつBBが交雑したF_1 はABである（図3−5）。ところ

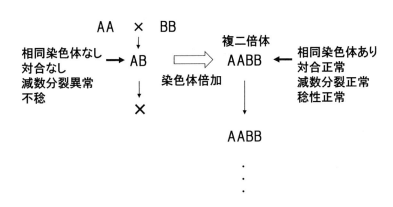

図3−5　複二倍体化

が、このF₁の生殖細胞で減数分裂前に倍加が生じるとAABBの細胞ができる。この細胞ではAゲノム同士およびBゲノム同士で同一染色体すなわち相同染色体が存在するようになるので、これらの間で対合が可能である。したがって、減数分裂やその後の配偶子形成は正常となる。さらにこのF₁の稔性は正常で、その後代はAABBのまま維持できる。これは異質四倍体であるが、ABという新たなゲノムの二倍体ともとらえられるので複二倍体ともよばれ、これが生じるプロセスが複二倍体化である（図3−5）。このようなF₁での染色体倍加を人為的に行えば、前述の種属間交雑F₁での不稔性を回避できる。その実用例として挙げられるのが、ライコムギである。これは異質四倍体のマカロニコムギ（AABB）と二倍体のライムギ（RR）の交雑から人為的に育成された異質六倍体（AABBRR）で、普通コムギよりも不良環境下で優良な生育を示すことが知られている。

　そもそもコムギ近縁種自体が数多くの自然に発生した異質倍数体からなることは、従来から明らかになっている。コムギ近縁種には、数多くの二倍体種が存在し、主要なゲノムとしてはA、B、C、D、R、G、S、M等が知られている。これらは共通の祖先二倍体ゲノム（未同定）から分化したと考えられる。このような二倍体ゲノムが複二倍体化によって組み合わさり、異質四倍体、異質六倍体の種が進化の過程で発生した。その中には主要な栽培種であるマカロニコムギ（AABB）や普通コムギ（AABBDD）のように今日の世界農業を支える基幹作物もある。コムギ近縁種以外にも、異質倍数体である作物は多数存在する。タバコ（異質四倍体）、キャベツ（異質四倍体）、ワタ（異質四倍体）、エンバク（異質六倍体）、サツマイモ（異質六倍体）、等々である。このように、栽培植物の進化において、複二倍体化は極めて需要な役割を果たしてきた。動物においても、両生類のアフリカツメガエルは異質四倍体であることが最近明らかになった。

　倍数体のさらなる応用場面として、個々の染色体を他のゲノムへと添加することが挙げられる。例えば異質八倍体のライコムギ（AABBDDRR）に普通コムギを交雑したF₁（AABBDDR）を自殖し続けると、Rゲノムの染色体のどれかを普通コムギゲノムに添加したものが作成できる。これをライムギ染色体添加型普通コムギとよぶが、添加されたライムギ染色体上の有用遺伝子座を利用しようというものである。

　いずれにせよ、育種における倍数体の利用では、遺伝的組換えや突然変異の場合のように何が生じるのか基本的にわからないのではなく、ある程度意図的に新たな遺伝子型、ゲノムの構成を作り出せる。重要なのは、同質倍数体にせよ異質倍数体にせよ、その生物の生存に必要不可欠な遺伝的基盤はゲノム上で重複していることである。これは、重複した片方を担保として、もう片方が比較的自由に変化できることを意味している。したがって、二倍体の場合よりも遺伝的組換えや突然変異によって、変異幅をより拡大できる可能性がある。このような遺伝的な重複は、ひろく生物の進化にも関ったと考えられている。

DNA操作

　最後に、DNA上の塩基配列を操作することで新たなアレル、遺伝子型を作り出す方法について述べる。一般に、これらは遺伝子組換えあるいは組換えDNA技術とよばれるが、前述の遺伝的組換えとは全く異なり、実際には「組み込み」とよぶべきものである。また、最近のゲノム編集はこの組み込みともいえないので、ここでは総合してDNA操作としておく。

　DNA操作のうち従来の遺伝子組換えとよばれるものでは、特定の形質を支配するアレルもしくはそれを含むDNA断片を他の種（通常は交雑できないような極めて縁の遠い種、例えば動物と植物のように）から目的とする種へと導入する。そうなると、全くの異物であるDNA断片

がゲノム中のどこかへ組み込まれることになる。一方、ゲノム編集は、新たなDNA断片の導入ではなく、本来のゲノム上の意図した特定部分の配列を変化させようというものである。

　まず遺伝子組換えもしくは組み込みを考えてみよう。これを行うには、改良すべき形質を支配する一つのDNA領域、アレル、を先に同定しなければならない。これについては、マップベースクローニングやcDNAによる方法、他の種での情報からDNA塩基配列を検索する方法等々、があるが、この分野はまさしく日進月歩であり詳しくは他書にゆずる。

　ここでは、すでに首尾よく目的のDNA断片が入手できたとする。このDNA断片を他の種の細胞へ、そしてその染色体へと組み込むには、それを金属微粒子の表面に付着させ、その微粒子を高速度で物理的に細胞内へ打ち込む、パーティクルボンバーダム（パーティクルガン）という方法があり、今ではそれこそピストルのような機器で葉の表面のような場所に打ち込むことも行われる。さらに、DNA断片を細胞内さらには核内に微細な針によって顕微注入することもできる。

　植物において現時点で比較的一般的なのは、細胞間を移動できるベクターを用いる方法である。ベクターとしてよく用いられるのは、土壌細菌の一種、*Agrobacterium tumefaciense*（*Rhizobium radiobacter*）がもつTiプラスミドである。プラスミドは、ミトコンドリアDNAや葉緑体DNAと同様、細胞質中に存在し自己複製する二本鎖DNA（環状）であるが、特定の器官に局在せず、かつ小型である。Tiプラスミドは、本来はこの菌が双子葉植物に感染し、植物細胞内の物質を用いて菌の栄養となるオパインを生産して、付随的にクラウンゴールを形成する、その原因となる。すなわち、感染するとTiプラスミドの一部であるT-DNA領域が切り出され、それのみが植物細胞内へと侵入し、植物染色体内のどこかへ組み込まれる（図3－6）。

　もしも、このT-DNA領域に遺伝子組換えで植物へ導入しようとす

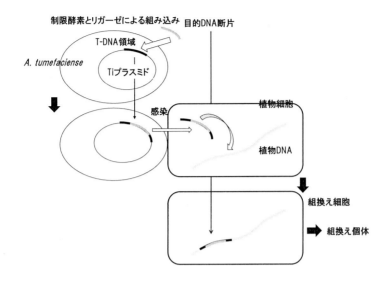

図3-6　*A. tumefaciense*のT-DNAを用いた遺伝子組換え

るDNA断片を挿入すれば、上記のようなT-DNAの挙動に伴い、目的
DNA断片も対象となる植物染色体上に組み込まれる。そのため、様々
な制限酵素およびリガーゼ等を駆使してT-DNA中への目的DNA断片
の挿入が行われる。遺伝子組換え用のTiプラスミドは、オパイン合成
酵素遺伝子座の除去、プラスミドが存在することの目印となる薬剤（多
くの場合抗生物質）耐性マーカー遺伝子座の組み込み等、改良されてい
る。以前は、本手法は双子葉植物のみに適用可能と考えられていたが、
現在ではイネ科を含む幅広い植物種が対象となる（図3-6）。

　ゲノム編集について考えてみる。これは遺伝子組換えとは異なり、特
定のDNA断片をどこかわからない場所に組み込むのではなく、ゲノム中
のどの位置でも（わずかな制限はあるが）指定した箇所で二本鎖DNAを
切断するところから始まる。DNAの特定箇所での切断には、従来は百種
類以上にもおよぶ制限酵素が用いられてきた。この場合、制限酵素はそ
れぞれが独自の認識配列と切断箇所をもち、完全に自由にどの場所でも

切れるというわけではなかった。また、生細胞へは適用できなかった。

　ゲノム編集にはいくつかの異なる手法があるが、その中で使われることの多いCRISPR/Cas9（クリスパー/キャスナイン）では、次のような手順を踏む（図3-7）。まず、DNA上の目的とする切断箇所には、その3′側の3番目の塩基の隣にNGG（NはA、G、C、Tのいずれでも可。DNA鎖切断を担当する酵素Cas9の種類によっては異なる場合がある）からなるPAM配列が存在しなければならない。このような切断箇所を含むゲノム上の約20塩基と相補的な人工一本鎖RNA（ガイドRNA、gRNA）を合成する。これによってゲノム中の目的切断箇所付近を認識する。さらに、gRNAの3′側末端にはtracrRNAとよばれる特殊な配列をもつものを付加する。このtracrRNAは、DNAとは結合しないが、外来的に作られたCas9の活性化に必要である。このCas9は、tracrRNAによる活性化後、さきほどのPAM配列を認識し、それに向かって移動してPAM配列から原則として5′側の3番目と4番目の塩基の間を二本鎖切断する。切断後のDNAは修復が行われるが、その際に誤って新たな

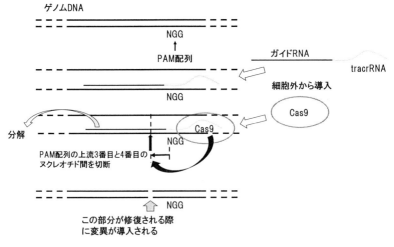

図3-7　CRISPR/Cas9によるゲノム編集

塩基の挿入等が生じうる。これによって、一種の突然変異が起こることになる（図3−7）。すなわち、ゲノム編集の結果できた変異は突然変異と同様である。それ故に現時点では、ゲノム編集を組換えDNAの規制対象から外す方向にある。しかし、gRNAやCas9を作るDNAは、いずれは分解されるにせよ外部から導入する必要がある。

このようなDNA操作で生じた変異は、突然変異や倍数体と同様に細胞単位で生じる。したがって、変異細胞がどのようにして変異個体になるのかは、DNA操作でも問題になる。しかし、例えば*A. tumefasience*を用いた遺伝子組換えでは、通常、菌を感染させる対象は組織培養によって誘導された脱分化細胞群、カルスやプロトプラストである。したがって変異細胞のみからなるカルス等は、突然変異等の場合よりも比較的容易に得られる。このような変異カルスを組織培養によって再分化、誘導することで、変異個体（組換え体、形質転換個体）が得られる。当初はヘテロ接合体であっても、次世代ではホモ接合体が分離する。

いずれにせよ、これらの場合には原則としてゲノム中のただ一箇所のDNA断片で全て支配されるような形質（多面発現という場合もあるが）が対象となる。これは、特に遺伝的組換えに基づく方法、すなわち数多くの遺伝子座における既存のアレルに対して再組み合わせを行い、いろいろな遺伝子型を作り出しておいて、その中から包括的に良いものを彫琢していく方法とは発想が異なる。組み込まれた先の異種ゲノムの中で、そのDNA断片が本来のゲノムにおける機能を正常に果たすことができるかは、大きな問題である（正常に機能しないことを期待する場合もあるが）。すなわち、後に詳述する遺伝子座間相互作用や非遺伝的要因との相互作用がどの程度重要であるか、一つの塩基を変えただけで形質が良い方向に変わりうるか、はケースバイケースである。したがって、DNA操作が万能な手法というとらえ方は、当然、疑いの目を向けざるを得ない。

第4章
優良遺伝子型の選抜

　これまでに述べた様々な方法によって、ある集団の遺伝変異の幅が拡げられ、いろいろな遺伝子型をもつものが出現したとする。育種における次のステップとしては、拡げられた遺伝変異の中から育種目標に適うものを選抜し、それぞれの意味において優良な同質ホモ集団を確立する、ということになる。DNA操作でも、操作によってもれなく目的のものが出現するとは限らず、やはり選抜は不可欠である。

　このような選抜は、一見容易に見える。たしかに、苦も無く目的とする遺伝子型を選抜できる、すなわちただ1回選抜を行った次世代で選抜された親と同一の優良遺伝子型が確立する場合もあるが、よさそうな個体を選抜しても、その後代は全く優良な表現型を示さないという場合も数多くある（図4－4参照）。その原因の一つには、選抜の目標は遺伝子型だが、選抜の実際の対象となるのは表現型であることが挙げられる。表現型と遺伝子型との関係はどのようになっているのか。これは、育種において重要な問題であり、かつ、生物のもつアレル、ゲノム上の塩基配列パターンが、いかにして最終的な表現型を決定していくのか、という根本的なプロセスを考える契機にもなる。

　教科書では、DNA中の塩基配列の一部の情報がmRNAの配列へと転写され、それを基にタンパク質中のアミノ酸配列が決定される、というセントラルドグマで遺伝子発現が説明されている。しかし、セントラルドグマに続く過程で、どのように最終的な表現型発現という出口へとつながるのか。実は、これに関しては未だに十分な理解は得られていない。そうではあるが、育種における選抜の基礎としては、特にこの出口の部分を中心に遺伝子発現の全体像を考える必要がある。

質的形質と量的形質

　メンデルは、エンドウを用いた交雑実験において、各々の形質には2種類の表現型のみが区別できるようなものを選んだ。例えば、エンドウの種子の形という形質には種子が丸い表現型としわがよる表現型といった具合に、である。そして交雑後代においても、それら2種類の表現型は、頻度は異なるが変わらずに出現した。これによって彼は遺伝の原理を導いたのだが、1900年のいわゆるメンデルの法則再発見の後に、メンデルの流れを汲むメンデル学派は、イギリスの生物測定学派とよばれるグループから猛烈なクレームをうけた。生物測定学派は、再発見以前からヒトをはじめとする生物の遺伝現象を統計学的に取り扱おうという学派である。彼らのクレームは、「生物の示す遺伝変異は本来連続的なものであって、メンデルの扱ったあれかこれか、という不連続な変異は例外にすぎず、そこから導かれた遺伝の原理は一般的とはいえない」という趣旨である。日本において明治以降メンデリズムが輸入された時代でも、例えば夏目漱石は、1914年1月13日に東京帝国大学在職時に同僚であった畔柳芥舟への書簡で、「メンデリズムは信用できない」といった趣旨の述懐を漏らしている。因みに、漱石は「趣味の遺伝」という不思議な小説を著しているが、この中身は遺伝とはほとんど関係ない。

　確かに、生物測定学派が主張するように、例えばヒトの身長や体重等の表現型の値（172cmとか73kg、これらを表現型値とよぶ）の分布は連続的で、どこかで区切ることができるようなものではない場合が大部分である。一方で、例えば同じヒトのABO式血液型のように、表現型にはA型、B型、AB型そしてO型の4種類しか存在しない形質もある。

　このような論争は、教科書では一切触れられていない。というのは、最終的に連続変異を示す形質の遺伝もメンデルの原理で説明できたからである。そのためには、主として二つの説、すなわち純系説と同義遺伝子説がさらに必要であった。

メンデルの法則再発見の直後に、デンマークの遺伝学者、W. ヨハンセンは市場からプリンセスという名前のインゲンマメの品種を入手した。しかしこの品種の種子の大きさは、小さいものから大きなものまで、それこそ生物測定学派のいうように連続的に変異していた。そこで彼は、種子の大きさを区別して播種し、次の世代を育成した。すると、大きい種子からは大きな種子を着生する個体が、小さい種子からは小さな種子を着生する個体が生まれる傾向にあった。すなわち種子の大きさの変異は親から子へと遺伝する遺伝変異であり、そのため元の集団に対する選抜は有効であった。ヨハンセンはさらに、大きな種子から生まれた相対的に大きな種子を着生する個体の中で、さらに大きな種子のグループと小さな種子のグループに種子を選抜し、それぞれの次世代（最初からでは次々世代）を育成した。そうすると、次々世代では親のグループの違いによらず各親と同様の大きさの種子を着生する個体ばかりが生じた。すなわち、次世代での変異は次々世代には遺伝しなかった。つまり、次世代集団に対する選抜は無効であった。このように、ヨハンセンは表現型の変異には、遺伝する遺伝変異と遺伝しない変異、ここでは環境変異とよぶが、これらの違いがあることを実験的に示した。このような説を、純系説という。これは、先の次々世代のように、変異が環境変異のみであるような集団を純系とよぶことに由来する。以前はゲノム全体がホモ接合体であるような同質ホモ集団を純系とよんだが、結局同じことである。つまり、同質ホモ集団では遺伝的な分離はないので、そこで見られる表現型変異はすべて環境変異である。純系説の本来の意味は、表現型の変異には遺伝変異と環境変異がある、表現型の値は遺伝的要因にも非遺伝的要因にも影響される場合があるということである。現在では、同一塩基配列であっても発現が質的にも量的にも異なる場合、分子生物学的にはDNA分子のメチル化などのエピジェネティクスとして解釈されることがある。これも、非遺伝的要因の一つといえなくもない。しかし、

メチル化で非遺伝的要因の影響がすべて説明されるわけでもない。

　ヨハンセンと同時代に、スウェーデンの遺伝学者、H. ニールソン＝エーレは普通コムギの種皮色の遺伝を研究していた。彼は、普通コムギの品種で種皮が赤いものと白いものを交雑した。そのF$_1$はすべて中間色であったが、F$_2$集団では赤から白まで連続的な変異が見られた。さらに彼は、このF$_2$集団からいろいろな種皮色をもつものの個体別に自殖次世代であるF$_3$系統を育成した。その結果、F$_2$で親と同じ赤色のF$_3$系統は全て赤色であり、系統内に分離はなかった。しかし、F$_2$で中間色のもののF$_3$系統内では種皮色に分離がみられ、完全な白色のものが系統内で1/4、1/16もしくは1/64出現するF$_3$系統が存在した。これらの結果から、彼は普通コムギの種皮色という形質の赤色／白色という表現型の違いは、3個の独立した遺伝子座上のそれぞれ1対のアレル、R_1とr_1、R_2とr_2そしてR_3とr_3によって制御される、と考えた。したがって、両親の遺伝子型は赤色で$R_1R_1R_2R_2R_3R_3$、白色で$r_1r_1r_2r_2r_3r_3$であり、雑種集団では、$r_1r_1r_2r_2r_3r_3$以外は中間色も含めた赤色になる。もしもそうであれば、本当に上記のような実験結果になるか否かは、読者の検証に任せる。このように、同一形質に対して複数の遺伝子座が関係する場合がある、ということを同義遺伝子説とよぶ。これは現在ではなんら目新しいことではないが、20世紀初頭のメンデルの法則再発見時には、あるいはメンデル自身も考えがおよばなかったことである。

　それでは、これら純系説と同義遺伝子説を包括することで、なぜ表現型の連続変異や不連続変異をメンデルの遺伝の原理で説明できるのか。それには二つの軸を設定して考えればよい（図4−1）。一つの軸は非遺伝的要因の影響の程度で、全くない場合から非常に大きい場合をとる。もう一つの軸はその形質に関与する遺伝子座の数で、1個から多数個の範囲におよぶ。

　まず、非遺伝的要因の影響について考える。この影響が、どのような

個体にも一律に同一の効果を及ぼすのであれば、表現型はどれもが同一方向に同程度変化するだけであって、集団の平均値は変わるが分散（変異の統計学的測度）は変わらない。これは統計学でいう系統誤差に当たる。ここで問題になるような影響は偶然誤差のようなもので、個体ごとに（たとえ同一の遺伝子型であったとしても）非遺伝的要因の影響の方向と程度が異なるようなものである。統計学では、これは平均値が0、分散がσ_e^2であるような確率変数とみなされる。したがって、多くの個体の表現型変異は、統計学でいう釣鐘のような正規分布に近い連続変異になる。非遺伝的要因の影響の程度が強いと幅が広がり、逆に弱いと連続変異ではあるが分布の幅が狭まり、影響が皆無の場合には遺伝子型の示す値のみになる。こうなると表現型変異は不連続となる（図4-1）。

　一方、関与遺伝子座数については、それが1座でかつ論旨を単純化するためアレルがA_1とA_2の2個のみであると仮定すれば、遺伝子型は

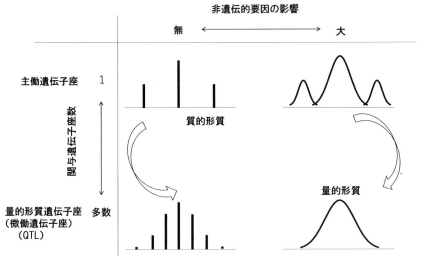

図4-1　量的形質と質的形質

A_1A_1、A_1A_2、A_2A_2 の3種類のみとなる。ここで仮に、A_1 のみが機能
して表現型値を1単位増加させる影響を与え A_2 は機能しないとすると、
上記3遺伝子型はそれぞれ＋2、＋1、0の効果を表現型値に及ぼす。
この場合、表現型値の変異は不連続になる（図4−1）。さらに、関与遺
伝子座数が2以上であり、かつアレルがそれぞれの座で2個とする。そし
て1座の場合と同様例えば1番目のアレルのみが＋1の効果を与える
とすると、1番目アレルの各遺伝子型での数（例えば2座で $A_1A_2B_1B_2$
のような場合には A_1 と B_1 で2個）によって表現型値への効果が決まる。
もしも、全ての座がヘテロ接合体であるものの自殖次世代の場合には表
現型変異は2項分布になることは明らかである（図4−1）。2項分布
の極限は正規分布である。このようなそれぞれの遺伝子型の効果に加え
て、先ほどの非遺伝的要因の影響が加算されると、その程度に応じて表
現型値は連続変異を示すようになる（図4−1）。それに対して、明ら
かな不連続変異がみられるのは、非遺伝的要因の影響が皆無である場合
のみである。たとえそのような場合でも、関与遺伝子座数が多くなれば、
わずかな非遺伝的要因の影響でただちに連続変異になる（図4−1）。

　以上のように、表現型値の変異、分布を考える場合には、遺伝的要因
と非遺伝的要因の両方の影響が累積的にはたらくというモデルが極めて
重要である。さらに、遺伝的要因の中身には複数の遺伝子座がやはり累
積的に関与しうる。したがって、n 個体からなる集団中の i 番目の個体
の表現型値を P_i、この個体の遺伝子型によって表現型値が決定される
部分を G_i（遺伝子型値）、決定されない部分（すなわち非遺伝的要因に
よって決定される部分、前例にならって環境効果とよぶ）を E_i とすると、
P_i は、

$$P_i = G_i + E_i \tag{1}$$

で表される。かつ、G_i はこの形質に関与する p 個の遺伝子座によって総

合的に決定されるとする（図4‐2）。言い換えれば、不連続変異を典型的に示すのは、遺伝子座数が1個、E_iがすべて0の場合となる。メンデルが選んだエンドウの形質はすべてそのような場合であり、ヒトの血液型の変異が不連続なのもそれによる。もちろん、個々のG_iは、分子レベルではセントラルドグマによって決定されるであろう。このように、表現型値が連続変異を示すような形質を「量的形質（quantitative trait）」、不連続変異を示す形質を「質的形質（qualitative trait）」とよび、量的形質を支配する複数の遺伝子座のそれぞれを「量的形質遺伝子座（quantitative trait locus, QTL）（微働遺伝子座、minor locus, ともよばれていた）」、質的形質を支配する単一（あるいはごく少数）の遺伝子座を「主働遺伝子座（major locus）」とよぶ（図4‐1）。ただし、量的形質と質的形質の中間的様相を示す形質も多くみられる。いずれにせよ、QTLであってもそれはDNA上の一つの区間であり、その塩基配列

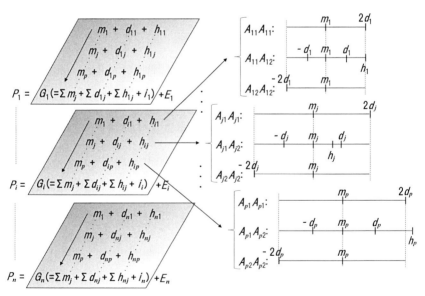

図4‐2　表現型値の構成（右は遺伝子作用の一例）

にはいくつかのパターン（アレル）がある、という点で主働遺伝子座と同じである。注意すべきは、育種の対象となる収量や品質等の重要な農業形質の多くは、複数のQTLsによって支配され、環境効果の影響が大きい量的形質である、ということである。

　実は、式（1）の右辺にはもう一つ付け加えるべき重要な項、遺伝子型×環境相互作用、が想定されるのではあるが、この項の解説は本書の範囲をこえるものであるので、他書に譲ることとする。ここでは、便宜的に本相互作用は環境効果の中に含まれるものとして話を進める。

遺伝子作用

　それでは、先述の G_i の中身をもう少し詳しく覗いてみよう。ある形質に関与する p 遺伝子座のうちの j 番目の座で、先ほどと同じくアレル A_{j1} とアレル A_{j2} が存在するとする。この場合、この座からの表現型値に対する効果（遺伝子作用とよぶ）は、2種類考えられる。

　一つはアレルの相加効果（additive effect、以下 d_{ij} とする）である。これは、この j 座が表現型値にもたらす平均値を m_j とし、それに対して、i 番目個体で A_{j1} がその座に存在した場合に $+d_j$ だけ変化し（d_j だけ増え）、一方、A_{j2} が存在した場合に $-d_j$ だけ変化する（d_j だけ減る）というような効果である。すなわち、$A_{j1}A_{j1}$ および $A_{j2}A_{j2}$ のホモ接合体であれば、d_{ij} はそれぞれ $+2d_j$ および $-2d_j$ となり、$A_{j1}A_{j2}$ のヘテロ接合体では $+d_j-d_j=0$ となる。このように、相加効果は、それぞれのアレルが存在すれば、その座がホモ接合体でもヘテロ接合体でも、他の座のアレルがどうであっても変わらず必ず発現する効果であり、選抜に反応する基本的対象である（図4-2）。

　もう一つは、その座がヘテロ接合体になった場合にのみ発現する効果で、顕性効果（優性効果）（dominance effect、以下 h_{ij}、）とよぶ（図4-2）。これは、いわゆる座内アレル間相互作用ともいえる。h_j はホ

61

モ接合体では必ず0であるが、ヘテロ接合体でも0の場合がありうる。この場合は無顕性とよばれその座では d_{ij}（= 0）だけが残る。$|h_j| < 2d_j$ の場合を、部分顕性（不完全顕性）とよぶ。多くはこの場合である（図4－2のj番目座位）。$|h_j| = 2d_j$ の場合はヘテロ接合体がどちらかのホモ接合体と同じ値となる。これは完全顕性に当たる。そして $|h_j| > 2d_j$ の場合は、ヘテロ接合体の値が両ホモ接合体の値の範囲を超える（図4－2のp番目座位）。これを「超顕性」とよび、先述の雑種強勢の基盤の一つと考えられる。すなわち超顕性では、ホモ接合体である両親のF$_1$が両親の遺伝子型値よりも大きくもしくは小さくなることを意味する。この顕性効果は、＋にも－にもなりうるが、その分子的メカニズムは未だに明確になっていない。

　このように、i番目個体のj番目座における遺伝子作用は以上の d_{ij} と h_{ij} の2種類であるが、p個の遺伝子座全体を考えると、もう1種類の遺伝子作用が存在しうる。それがエピスタシス効果（epistasis effect、i_iとする。これはp座全体のものでjが付かない）である（図4－2）。これは、i番目個体の遺伝子型値は、それに関与するp個の座それぞれの m_j と d_{ij} と h_{ij} を、j＝1～pまで合計したもの、すなわち、$\Sigma_j m_j + \Sigma_j d_{ij} + \Sigma_j h_{ij}$ となるはずであるが、これ以外のファクターが i_i として存在することを意味する。すなわち、i番目の個体の遺伝子型値は、

$$G_i = \Sigma_j m_j + \Sigma_j d_{ij} + \Sigma_j h_{ij} + i_i \qquad (2)$$

となり、G_iのうちで相加効果でも顕性効果でも説明できない部分がエピスタシス効果による部分といえる（図4－2）。具体的には、異なる遺伝子座間のアレルのどれかの組み合わせで生じるアレル間相互作用と考えることができる。これは、同一座内アレル間相互作用が顕性効果であることと、対照的である。

　特に2遺伝子座上アレル間のエピスタシス効果でよく見られる具体例

としては、重複的、補足的、抑制的、顕性上位的そして潜性上位的作用が知られている（図4-3）。これらアレルを A と a、B と b とし、A は a に対して B は b に対して完全顕性とする。最初の重複的作用では、$aabb$ 以外はすべて同じ表現型を示す。一方、補足的作用では AA/Aa と BB/Bb の組合せ以外は同じ表現型になる。すなわち、A と B を機能するアレル、a と b を機能しないアレルとすると、ある表現型が発現するには、重複的作用では機能アレルが2座のどちらか一方でも存在すればよいが、逆に補足的作用では2座ともに機能アレルがなければならない。これら二つのケースでは A/a の座と B/b の座を入れ替えても同じである（図4-3）。

　それに対して残りの三つのケースでは、2座の働きが異なる。すなわ

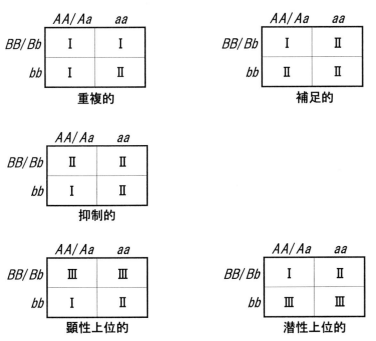

図4-3　2遺伝子座間相互作用（Ⅰ,Ⅱ,Ⅲは表現型を表わす）

ち抑制的作用では、 A が存在してもBが同時に存在するような遺伝子型ではA の作用がBで抑制される。したがって、A が発現できるのは$AAbb$ と $Aabb$ の場合のみとなり、 $aaBB$ と $aaBb$ および$aabb$は A 自体の作用が現れない。このようにB はA に対する抑制効果のみをもち、抑制アレルとよばれる。顕性上位的作用では、B が1個でも存在する遺伝子型ですべてA やa の作用が抑えられてBの作用のみが発現するが、一方bb であるとA とaの作用がそれぞれ発現する。潜性上位的作用では、このB とb が入れかわったもので、bb であるとすべてb の作用のみが発現する。これらB またはb はA やa に対する被覆アレルとよばれる。いずれにせよ、上記の i_i はi番目の個体の遺伝子型におけるすべてのエピスタシス効果を数値で表現している（図4－2）。

表現型変異の構成要素

　このように、n個体からなる集団でのi番目個体の表現型値、P_iは結局、

$$P_i = \Sigma_j m_j + \Sigma_j d_{ij} + \Sigma_j h_{ij} + i_i + E_i \tag{3}$$

と表される（図4－2）。ここで、今何を問題にしているのかを思い出してみよう。それは、育種において変異に富んだ集団から優良なものを、表現型を通して選抜して最終的には優良な遺伝子型からなる同質ホモ集団を得る、ということであった。この選抜の効率をいかにして向上させるかが問題である。その答えの一つは、上記のような個体表現型の構成要素を基にして得られる。この漠然とよばれる「変異」を定量的にとらえる統計学的パラメータとして、すでに紹介したが、分散（その平方根は標準偏差）がある。分散（Vとする）は、

$$V = \Sigma_i (X_i - \overline{X})^2 / (n-1) \tag{4}$$

で表される。右辺の分子は偏差平方和、分母は自由度である。この V は

特に不偏分散とよばれる。もしも偏差平方和を標本数nで除したのなら、そのVは「不偏でない」分散である。不偏性については、統計学的に極めて奥の深い意味合いがあるが、本書では立ち入らない。それよりも、この集団でもしもすべてのX_iが同一であるなら（同質集団）偏差平方和は0、$V = 0$となる。一方、様々なX_iが集団内にみられ（異質集団）、それらが平均から離れるほど偏差平方和およびVはそれに応じて大きくなる。したがって、Vは変異の程度を表わす。

それでは表現型値P_iの変異の程度、表現型分散（V_P）を考える。これはそのまま、

$$V_P = \Sigma_i (P_i - \overline{P})^2 / (n-1) \tag{5}$$

$P_i = G_i + E_i$であったので、

$$
\begin{aligned}
V_P &= \Sigma_i \{(G_i + E_i) - (\overline{G} + \overline{E})\}^2 / (n-1) \\
&= \Sigma_i \{(G_i - \overline{G}) + (E_i - \overline{E})\}^2 / (n-1) \\
&= \Sigma_i (G_i - \overline{G})^2 / (n-1) + \Sigma_i (E_i - \overline{E})^2 / (n-1) \\
&\quad + 2\Sigma_i (G_i - \overline{G})(E_i - \overline{E}) / (n-1)
\end{aligned}
\tag{6}
$$

右辺の第一項は遺伝子型値の違いによる分散、第二項は環境効果の違いによる分散で、それぞれ遺伝分散（V_G）および環境分散（V_E）とよばれる。問題は第三項である。係数2を除くと、これは遺伝子型値と環境効果の共分散とよばれるもので、もしも遺伝子型値と環境効果が互いに独立（無関係に変動）なら、この項は0になる。独立を仮定すると、

$$V_P = V_G + V_E \tag{7}$$

式(7)と式(1)を比べると各項が見事に対応していることがわかる。これは、分散（もしくは偏差平方和）の示す加法性という便利な性質である（各項が独立という仮定は要るが）。

さて、この加法性をG_iについても適用すると、式(2)から、

$$V_G = V_D + V_H + V_I \tag{8}$$

右辺第一項、第二項および第三項は、それぞれ個体間における相加効果の違いによる分散（相加遺伝分散）、顕性効果の違いによる分散（顕性分散）およびエピスタシス効果の違いによる分散（エピスタシス分散）を表わす。式(2)の右辺第一項に対応するものが式(8)でないのは、この項が個体間では共通していて分散は0になるからである。したがって、V_Pは、

$$V_P = V_D + V_H + V_I + V_E \tag{9}$$

ここで、右辺の各分散成分について考えてみよう。V_Dが生じる原因である相加効果の違いは、そのようなアレルの違いがあればどのような場合でも見られうる。一方、V_Hの原因となる顕性効果は、ヘテロ接合体でのみ発生するときがあり、ホモ接合体では0である。したがって、自殖性集団のように自殖を繰り返してホモ集団になるものではV_Hはいずれなくなる。V_Iの原因となるエピスタシス効果についてはホモ接合体でも発現するので、ホモ集団でもV_Iは0にはならない。しかし、経験的に他と比べて大きくはないとされている。このように、V_Iをひとまず無視すると、V_DがV_Pのうちのどの程度を占めるかは、後で詳述するようにその集団に対する選抜効率の高さと密接に関連する。これは、V_Dがアレルの違い自体の程度を表わすので、この割合が高いほど選抜したものが子孫に伝達できる、というイメージで大まかに解釈できる。このV_DのV_Pに対する割合を「狭義の遺伝率、$h_N{}^2 = V_D / V_P$」とよび、選抜効率の指標になりうる。

このような遺伝率は決して固定したものではない。選抜の対象となる形質やその集団の遺伝的構成状況によって異なりうる。したがって、

「いかにして遺伝率の高い集団を作り上げるか」が選抜効率を向上する
上で非常に重要な課題となる。

選抜効率と遺伝率

先述の $h_N{}^2$、すなわち V_D、V_H、V_I を推定するには、特別にデザイン
された集団、例えば F_1、F_2、F_3 のような両親間交雑後代集団あるいは
複数の親を用いた総当たり交配集団等が必要である。特に V_I の推定は
困難であり、多くの場合はもともと小さいと考えて無視される（この仮
定が妥当か否かは場合による）。また、親と子の相関係数からも $h_N{}^2$ は推
定できる。場合によっては、V_G を分子とした遺伝率、「広義の遺伝率、
$h_B{}^2 = V_G / V_P$」が用いられることもある。これなら、適当な同質ホモ集
団や栄養繁殖性植物の同質集団での V_P を普通に測定すれば、これら集
団では $V_G = 0$ であるはずなので、$V_P = V_E$、したがって $V_G = V_P - V_E$ とし
て容易に推定できる。

実は、遺伝率にはもう一つ、育種での選抜効率に直結するものがある。
それは実現遺伝率（realized heritability）、$h_R{}^2$ である。これは、遺伝的
に多様なある集団でその分布のどちらか片方の端に閾値を設け、それを
超える表現型値を示す個体を選抜して、その上に実った種子由来の次世
代集団を作る。親集団の平均値からの被選抜個体集団の平均値の差を選
抜差（i）、次世代集団の平均値の親平均値からの差を遺伝獲得量（ΔG）
として、

$$h_R{}^2 = \Delta G / i \quad (\Delta G = i\, h_R{}^2) \tag{10}$$

で定義される（図 4-4）。これはまさしく選抜された親の値が次世代
へどれだけ伝わるかという選抜効率そのものである。重要なのは、この
$h_R{}^2$ がほぼ $h_N{}^2$ と同じ意味に、条件によっては $h_R{}^2 = h_N{}^2$ になるというこ
とである。

このことを十分に説明するには、R. A. フィッシャーの自然選抜の基本定理（Fundamental theorem of natural selection）をひも解く必要がある。自然選抜の基本定理に関する解説は種々なされているが（例えば「集団遺伝学概論」、木村資生)、ここでは別のやり方を紹介する（「集団の生物学入門」、ウィルソン・ボサート)。ここは、式(14)までとばしても構わない。

　いま、遺伝変異を含むある集団を考え、表現型値が X となる個体の頻度（確率）を $f(X)$ とする。この集団の平均値、$\overline{X}$ と分散、V は、定義上、

$$\overline{X} = \int X f(X) dX \tag{11}$$
$$V = \int (X - \overline{X})^2 f(X) dX \tag{12}$$

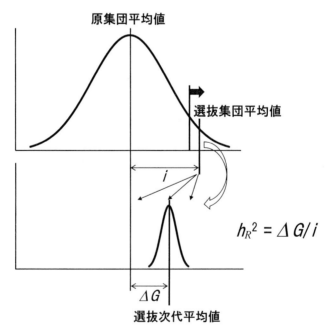

図4-4　実現遺伝率

ここで、この集団に対して選抜を行い、その結果、各Xの頻度が$f(X)$から$f'(X)$に変化したとする。これを、

$$f'(X) = \{1 - s(\overline{X} - X)\}\, f(X) \tag{13}$$

で表す。sは、選抜強度とよばれる。これから、選抜後の集団の平均値、$\overline{X'}$を求める。

$$\overline{X'} = \int X f'(X)\,dX = \int X\{1 - s(\overline{X} - X)\}\, f(X)\,dX = \int \{X - s(X\overline{X} - X^2)\}\, f(X)\,dX$$
$$= \int X f(X)\,dX + s\int (X^2 - X\overline{X})\, f(X)\,dX$$
$$= \int X f(X)\,dX + s\int X^2 f(X)\,dX - s\int X\overline{X} f(X)\,dX$$
$$- s\int X\overline{X} f(X)\,dX + s\int X\overline{X} f(X)\,dX$$

最後の2項、$-s\int X\overline{X} f(X)\,dX + s\int X\overline{X} f(X)\,dX$は結局、0だが、式の進行上付加した。すると、

$$\overline{X'} = \int X f(X)\,dX + s\int X^2 f(X)\,dX - 2s\int X\overline{X} f(X)\,dX + s\overline{X}\int X f(X)\,dX$$

$\int X f(X)\,dX = \overline{X}$であるので、

$$\overline{X'} = \int X f(X)\,dX + s\int X^2 f(X)\,dX - 2s\int X\overline{X} f(X)\,dX + s\overline{X}^2$$

最後の項にあえて$\int f(X)\,dX = 1$を乗じておくと、

$$\overline{X'} = \int X f(X)\,dX + s\int X^2 f(X)\,dX - 2s\int X\overline{X} f(X)\,dX + s\overline{X}^2\int f(X)\,dX$$
$$= \int X f(X)\,dX + s\int (X^2 - 2X\overline{X} + \overline{X}^2)\, f(X)\,dX$$

この第一項は、$\int X f(X)\,dX = \overline{X}$、第二項は、$s\int (X - \overline{X})^2 f(X)\,dX = sV$、したがって、

$$\overline{X'} = \overline{X} + sV \tag{14}$$

すなわち、選抜によって平均値はsVだけ変化する。見方を変えれば、

$$(\overline{X'} - \overline{X}) / s = V \tag{15}$$

選抜の対象となるのは遺伝的な変異である。したがって、V は V_D とみなすべきであり、V_D の V_P に占める割合である $h_N{}^2$ が大きいほど、選抜後の平均値の変化程度は、s を比例定数として大きくなる。

$$(\overline{X'} - \overline{X}) / s = V_D = V_P h_N{}^2 \tag{16}$$

これは一種の「自然選抜の基本定理」である（基本定理では、適応度の遺伝分散は適応度の変化速度に等しい）。これによって、$h_R{}^2$ が $h_N{}^2$ と同義であることがおおよそ示される。日常の言葉で表現すれば、集団中に遺伝変異（できれば相加遺伝分散）が大きければ、ある形質を示す親を選抜したら子孫もそうなりやすくなる、ということである。

　ここで鍵となるのは、$f'(X) = \{1 - s(\overline{X} - X)\} f(X)$ であろう。例えば、$\overline{X} = X$ なら s が何であっても $f'(X) = f(X)$ となる。すなわち、平均値の部分は選抜によっても変化しない。一方、X が平均値より大きくなるほど、それに正比例して $f'(X)$ は大きくなるし、平均値より小さくなるほど $f'(X)$ は小さくなる。その変化程度は s に比例する。実際の選抜では閾値があり、それ以上（あるいは以下）のものを選抜するので、上記の状況とは若干異なるが、変化の様相はこれで類推できる。なによりも、$\overline{X'} - \overline{X} = \Delta G$ なので、(10) と (16) から

$$\Delta G = i h_R{}^2 = s V_P h_N{}^2 \tag{17}$$

と $h_N{}^2$ と $h_R{}^2$ が同義であるという意味で、式 (14) は重要である。厳密な記述は、例えば「集団遺伝学概論（木村資生）」に詳しい。

　別の観点から、選抜効率に影響する要因を考えてみよう。自殖性集団で、選抜しても選抜個体と同じ表現型値が次世代で出現しない、すなわち完全に遺伝しない原因を考える。その一つは環境効果(非遺伝的要因、

E_i）の影響である。遺伝子型値が選抜の閾値未満のものでも、環境効果によってその表現型値の分布の裾野が広がり、たまたま閾値をこえると、選抜されてしまう（図4−5A）。ところが本来の遺伝子型値は閾値未満なので、次世代ではそれが伝達される。したがって、次世代集団の平均値は選抜集団の平均値よりも低くなり、E_iが大きければ（裾野が広ければ）低くなる程度は大きく、$h_R{}^2$は小さくなって選抜効率も低下する（図4−5A）。

　もう一つの要因は、ヘテロ接合性である。選抜の閾値より高い遺伝子型値をもつものでも、それがヘテロ接合体（関与する遺伝子座のどれかで）であると、次世代で分離する（図4−5B）。分離遺伝子型値が閾値を下回ることが重なれば、やはり次世代集団の平均値は低くなり、選抜効率は低下する（図4−5B）。

　以上の選抜効率を低下させる主な要因について、$h_N{}^2$の中身から検討してみよう。$h_N{}^2 = V_D / (V_D + V_H + V_I + V_E)$であるから、上記のように環境効果が大きく、ヘテロ接合体が多く含まれていると、それぞれV_EとV_Hが増加する。そのため分母が増加するので$h_N{}^2$は低下する。逆に、選抜効率を向上させるためには$h_N{}^2$を大きくする、すなわち$h_N{}^2$の（1）分

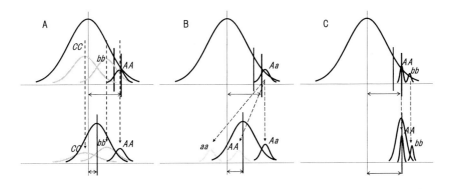

図4−5　遺伝率に及ぼす環境変異(A)およびヘテロ接合性(B)の影響、Cは理想的な場合

子を大きくする、(2)分母を小さくする、あるいはその両方となるような状況を作り出せばよい。すなわち、(1)は相加効果に関していろいろなものが含まれる集団をつくること（遺伝変異を拡大すること）、(2)はヘテロ接合体をなくすこと（$h_{ij}=0$で均一にする、$V_H=0$）と環境分散V_Eを小さくすることである。ここでV_Iはもともと小さいものとして、やや問題はあるが無視する。それでは、このような集団をつくるにはどのようにしたらよいか。それは「異質ホモ集団（栄養繁殖性植物なら異質集団）」を作ればよい（図2−3）。

　ここで、ホモ集団であれば$V_H=0$は当然であるが、なぜV_Eを小さくすることが可能かについて説明する。それはホモ接合体になると、同一遺伝子型をもつものが容易に複数作成できるからである。すなわち、同一ホモ接合体に由来する後代、すなわち後代系統はみな同一遺伝子型をもつとみなされる。この系統内分散はまさしくV_Eである（$V_G=0$なので）が、系統平均値の分散は、V_E/nとなる。nは系統内個体数である。すなわちnを大きく（系統内個体数を多く）して、系統平均値で表現型値を表わせば、V_Eが小さな状態での評価につながる（図4−5C）。もちろん、表現型の測定精度を向上してV_Eを小さくすることも重要である。なお、V/nの平方根は標準誤差とよばれる。

選抜効率が高い集団の育成

　選抜効率向上の立場からも、再び「異質ホモ集団」という、先述の用語にたどり着いた。自殖性植物集団の遺伝的構成をホモ接合体化することについてはすでに述べたが、おさらいすると、結局、自殖をそのまま繰り返せばよい。1遺伝子座について、ヘテロ接合体の頻度が前世代の1/2になるからである（図2−4A）。それでは、他殖性植物ではどうか。他殖性植物では、一般にハーディ・ワインベルグ平衡の状態にあるので、放置していてもホモ集団にはならない（図2−4B）。

このハーディ・ワインベルグ平衡が成り立つ前提としては、集団中の
アレル頻度が変わらないという条件があった。逆に、このアレル頻度が
変われば平衡は崩れる。アレル頻度を変えるには、目的とするホモ接合
体を構成するアレル（優良アレル）に対して選抜を繰り返す必要がある。
この選抜は、受精前に行うか、受精後に行うかで様相が幾分異なるが、
集団中での優良アレル以外を排除することで優良アレル頻度は徐々に増
加する。そしてこのような集団では、優良アレルからなるホモ接合体頻
度も確実に増加していく。これについては、後に詳述する。これは、一
見すると自己矛盾のようにも思えるが、他殖性植物では最初は効率が低
くても優良アレルの選抜を繰り返すことで次第にホモ集団化し、選抜効
率も向上していく。

　実は、自殖性、他殖性を問わず、集団をホモ接合体化するもう一つの
方法がある。それが倍加半数体の利用である。例えば、$AAbb \times aaBB$
のF_1では$AaBb$となるが、このF_1が生産する配偶子はAB、Ab、aBお
よびabの遺伝子型をもつことは既に述べた。これら配偶子を何らかの
方法で個体まで発生させると、これらはゲノムが1セットのみの半数体
個体である。半数体自体は虚弱で直接利用はできないが、これを倍数体
のようにコルヒチン処理等で倍加（あるいは自然倍加）させると、上
記の遺伝子型をもつ半数体は、それぞれ$AABB$、$AAbb$、$aaBB$および
$aabb$となり、すべて二倍体のホモ接合体になる。これらを作成する期
間は、自殖や選抜を繰り返すのに要する期間に比べるとはるかに短くて
済む。これを利用した育種法を半数体育種法とよぶが、これについても、
後述する。

　なお、これまでの議論は主として量的形質に関するものであった。環
境効果がほとんど無く、関与遺伝子座数もごく少ない質的形質の選抜効
率はどのようなものか。これは、ほぼ$V_P = V_G$なので、h_B^2は（あるいは
h_N^2も）通常、十分に大きい。したがって、選抜効率はもともと高い。

問題はヘテロ接合体に由来する分離のみである。これは、選抜したものの分離状況をみれば、ヘテロ接合体が関与しているかは容易に判定でき、分離しないものをホモ接合体系統として獲得すればよい。したがって、選抜は一般に容易であり、何世代にもわたってホモ集団化する必要は、通常ない。これは、次の間接選抜に関連していく。

間接選抜

　育種の対象形質を直接的に選抜するような、通常行われる直接選抜についてこれまでに述べてきた。しかし、実際の直接選抜にはさまざまな問題がある。これまでに詳述した量的形質の選抜もそれにあたる。質的形質の選抜でも、選抜効率は高いが、そもそも対象となる形質の測定、評価が困難もしくは非効率的な場合がある。例えば、植物の生活環の後半で発現し、評価するまでに時間や手間のかかるものが、収量や品質等多数ある。果樹のような多年生の植物では、花が咲き結実するまで数年を要することは普通である。病気に対する抵抗性の判定には、特殊な隔離状態で植物体に病原菌を接種しなければならない。特定の成分の測定には、時間も費用もかかる場合がある。

　このような場合、質的形質であれば対象形質を支配する単一遺伝子座、量的形質であれば関連するQTLsのうちで作用力の大きい一つ、に密接に連鎖する別の遺伝子座支配の形質を直接選抜し、対象形質を間接選抜することが考えられる。最近では、複数のQTLsでもそれぞれに連鎖する遺伝子座を同時に選抜するような、ゲノム選抜技術が開発されつつある。このような連鎖遺伝子座が支配するのは質的形質で、選抜効率が高く（遺伝率が高く）、例えば種子や発芽直後の幼植物でも確実にその表現型を判定できるものであることが必須である。これをマーカー形質、その遺伝子座をマーカー遺伝子座とよぶ。従来は、特に種子や幼苗で容易に判定できる着色形質等がマーカー形質として用いられたことがあっ

たが、普遍性に乏しかった。そこで近年登場し、注目を集め、かつ実際に活用されているのが、分子マーカーである。

分子マーカー

　分子マーカーとは、ゲノム中に極めて多く存在する塩基配列上の個体間での違い（配列多型）を、比較的簡便な方法で特定できるようにしたものである。健康診断で用いられる腫瘍マーカーとは、別物である。通常、このような塩基配列の違いは、形態的生理的な表現型にはほとんど反映されない。したがって、配列多型は自然選抜の上では中立である。一方、この配列多型は通常の遺伝子座およびその上のアレルと全く同様に親から子へとメンデル性の遺伝を示し、他座との遺伝的組換えも生じる。すなわち、配列多型あるいはそれを利用した分子マーカーは、生物学的に意味のある配列上の一区間であり、立派な遺伝子座である。かつ、その座内の塩基配列のパターンはアレルでもある。さらに、分子マーカーのタイプは遺伝子型そのもので、環境効果の影響はほぼないことから、分子マーカーは典型的な質的形質ととらえられる。したがって、これが育種で目的とする形質を支配する遺伝子座と密接に連鎖している、あるいは対象遺伝子座内に存在すれば、上記の間接選抜の主要なターゲットになるのは明らかである。

　分子マーカーを扱う際にまず遭遇するのは、ポリメラーゼ連鎖反応（Polymerase Chain Reaction, PCR）と電気泳動である。詳しくは他書に譲るが、概要を述べる。PCRは簡便な手順でゲノムのある定まった区間、この場合は1対のプライマーで挟まれた区間のみを何億倍にも増幅する技術である（図4－6）。これだけだと何の有難みも感じないが、極めて多様な応用例を生み出す。PCRのためには、目的区間の両端の配列に相補的な20塩基程度の一本鎖DNA（プライマーとよぶ）を合成しておく。これと鋳型となるDNAを、DNAポリメラーゼ等DNA複製に必要

なものとともに小さなプラスチックチューブ内で混合し、これを95℃程度に加熱する。その結果、二本鎖鋳型DNAの水素結合がはずれて一本鎖となる（乖離反応）。つぎに温度を適度に下げるとプライマーと一本鎖になった鋳型DNAが再結合する（アニーリング反応）。このアニーリング温度は、一般に高いほどプライマーの鋳型DNAに対する結合の特異性が増し、低いほど配列が若干マッチしなくても結合してしまう。次にDNAポリメラーゼの最適温度にするとプライマーの3'末端からDNA伸長が生じ、二本鎖が新たに合成される（伸長反応）。その結果、DNAは元の2倍に増幅される。これらの反応を例えば30回繰り返すと、計算上は2^{30}倍に特定区間だけが増幅されることになる（図4－6）。ここで用いられるDNAポリメラーゼは、高温である乖離反応でも酵素でありながら失活しないことが必要で、古細菌の一種である高度好熱菌由来のものが改良されて用いられる。この技術は、一説にはある研究者がデートでドライブしているときに思い付いたとされる。

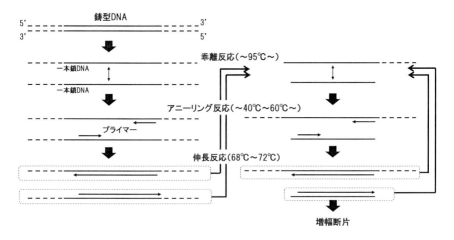

図4－6　ポリメラーゼ連鎖反応（PCR）

　増幅した産物を、電気泳動に供する。電気泳動では、固形のゲル（よく用いられるのはアガロース等）を緩衝液に浸し、ゲルの片端に設けたウェル（井戸の意味、ゲル中の底のある小さなスリット）にDNAを注入し、直流電場上におく。DNAはリン酸基がマイナスにチャージしているので、プラス極へとゆっくり移動（泳動）するが、DNA分子の長さによってゲル中の絡み合った高分子の間をすり抜ける速度が異なる。そのため、長いものがゆっくりと、短いものが速く泳動し、同じ時間のゲル中ではDNAは長さによって分離する。分離後に、適当な方法でDNAを染色すれば、泳動状況が可視化できる。

　分子マーカーに話をもどすと、植物でよく用いられるものとしては、SSRマーカー（Simple Sequence Repeatマーカー、マイクロサテライトマーカーともよばれる）が挙げられる（図4-7）。SSRは、日本語では単純反復配列とよばれ、ゲノム中に非常に多く散在する比較的小規模な塩基のモチーフが繰り返されている部分であり、そこがSSRの遺伝子座である。例えば、ATというモチーフの繰り返しのATATAT（この場合は（AT)$_3$とも表記される）のように、である。このSSRの繰り返し数に遺伝子型間で違いが見られると、SSRは分子マーカーとして用いうる。すなわち、このSSRの両側に隣接するゲノム領域にプライマーを設計してSSRを含む区間をPCRで増幅する。PCR産物を電気泳動すると、SSRの長さの違いが、泳動されたバンドの位置の違いで容易に判定される（図4-7）。SSRマーカーは、ヘテロ接合体になると両親のバンドが共に現れるので、両ホモ接合体と区別ができる共顕性マーカーである。これは、特に連鎖分析には非常に有効となる。また、SSRマーカー座には様々なSSRの長さが可能である。すなわち、アレルが3種類以上存在する複アレルになりうるので、系統分類等にも効力を発揮する。なお、ヒトを含む動物でも、SSRよりもより大きな単位での繰り返し配列とその変異がマーカーとして利用され、犯罪捜査や親子鑑定に用いられている。

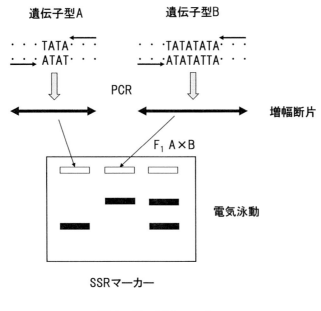

図4－7　SSRマーカー

　単塩基多型（SNP）を検出するマーカーとしてよく用いられるのは、CAPS（Cleaved Amplified Polymorphic Sequence）マーカーである（図4－8A）。これは、多型塩基が制限酵素の認識配列中に存在する場合に活用できる。ここではまずこのような制限酵素認識配列を含むような適当な区間をPCRで増幅し、その後にPCR産物をその制限酵素で消化する。制限酵素は、4～8塩基程度のゲノム中の特定塩基配列パターン（その大部分は回文構造）を認識して、その配列中の特定部分を二本鎖切断するものである。例えば、*Eco*RIという制限酵素はGAATTCを認識し、GとAの間（相補鎖ではAとGの間）を切断する。すると認識配列中のSNPに応じて消化できるものとできないものに分かれ、電気泳動パターンで容易に判別できる（図4－8A）。これはSSRマーカーと同様に共顕性マーカーとして重要であるが、複アレルが存在するのは稀である。

　また、あと一か所、SNP以外の塩基がかわればそのSNPが制限酵素の認識部位に入るような場合には、dCAPS（derived CAPS）マーカーを使える場合がある（図4−8B）。これはそのような箇所がPCRの際のプライマーの3'末端近くになるようにして、プライマーの配列を制限酵素認識配列になるようにわざと変更する。そのようなミスマッチを乗り越えて一度でも増幅できれば（できる場合が多い）、あとは変更された配列（認識配列に変化したもの）が増幅するので、CAPSと同じようにSNPを判定できる（図4−8B）。制限酵素認識部位でのSNPを検知できるものとしては、以前はRFLP（Restriction Fragment Length Polymorphism）マーカーが使用されていたが、DNAブロッティングが必要であり操作が煩雑なことから、CAPSやdCAPSマーカーに代わられている。

　あるSNPに対して、CAPSマーカーもdCAPSマーカーも設定できない

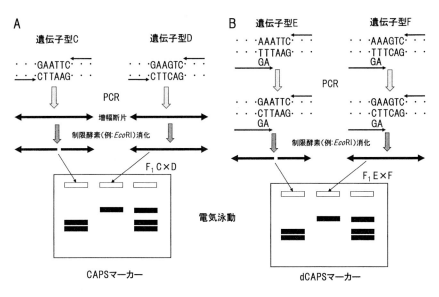

図4−8　CAPSマーカー（A）およびdCAPSマーカー（B）

ときはどうするか。その策の一つとして、2対のプライマーを用いた PCRがある。これを、本書ではテトラプライマーPCRとよんでおく。ここでは、それぞれのプライマー対の逆向きである片方ずつの3'側末端の塩基が、SNPである塩基とマッチするものとミスマッチするものになるように設計する（図4-9）。そうすると、2対のプライマーによるテトラプライマーPCRからの増幅産物のパターンでそのSNPの塩基が判定できる。これは、PCRを理解する応用問題として最適なので、読者は図4-9の妥当性を検証されたい。

　それ以外にも、SNPをプローブのハイブリダイズによって検出する方法もあるが、特別な装置や蛍光色素が必要で、安価で簡便というわけに

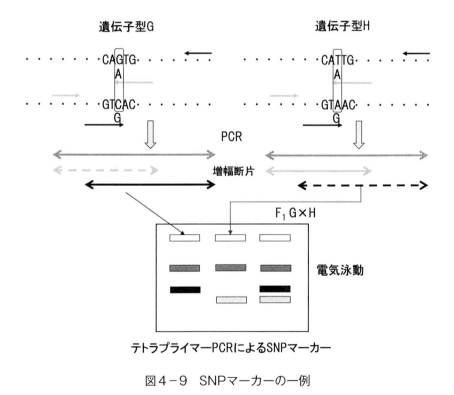

テトラプライマーPCRによるSNPマーカー

図4-9　SNPマーカーの一例

はいかない。いずれにせよ、これらのSNPを利用したマーカーの遺伝子座は、SNPのある塩基の場所そのものであり、アレルはその塩基の種類である。

　以上のマーカーはRFLPマーカーを除いて、ある程度ゲノム情報が完備している種に用いられるものである。そのような情報が乏しい種でとりあえず利用できるものとして、RAPD（Random Amplified Polymorphic DNAs）マーカーがある（図4－10）。これにはランダムプライマーを用いる。このプライマーは、10個程度の塩基を任意に並べた一本鎖DNA断片である。これをただ1種類のみ用いて、PCRを行う。通常のPCRでは、プライマーは特定のゲノム区間を増幅するために、その区間を挟むような特異的配列に基づき設計されるが、ランダムプライマーは結局、ゲノムのどこかに存在するたまたまそれと相補的な配列の部分にアニーリングする。そして、遺伝子型によってそのアニーリング

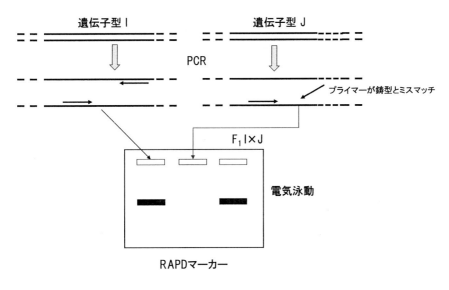

図4－10　RAPDマーカー

部分で配列が異なり、アニーリングの可否に違いが生じれば、それが PCR産物生成の可否の違いとなって、電気泳動パターン（バンドがある かないか）の違いとして容易に識別できる（図4−10）。これがRAPD マーカーで、ヘテロ接合体と片方のホモ接合体はバンドが共にできるの で、顕性マーカーとなる。また、RAPDマーカーによる遺伝子型判別は 再現性に問題があることが指摘されている。RAPDマーカーと同じく、 その種のゲノム情報を必要としないものにAFLP（Amplified Fragment Length Polymorphism）マーカーがある。これは再現性に優れるが、手 順がやや煩雑である。以前はこれらDNAマーカー以外に、タンパク質 （酵素）レベルでの多型に基づくアイソザイムマーカーが用いられてい た。しかし、その多型の種類や頻度から、現在では一部を除きあまり用 いられなくなっている。酵素多型の基となるものは、その酵素を支配す るDNA上の多型に、結局帰着する。

マーカー利用選抜

　このような分子マーカーは、ゲノム中に極めて多くかつ不偏的に分布 しているので、先述のように、これら分子マーカーを直接選抜し、マー カーと密接に連鎖する目的遺伝子座を間接選抜することが、近年、幅広 く行われ実績を上げている。これをマーカー利用（援用）選抜（Marker Assisted（またはAided）Selection, MAS）とよぶ。この場合、分子 マーカー座のどのアレルが目的座の目的アレルと連鎖しているのかを十 分に考慮する必要がある。もちろん、両座の連鎖が組換えで途切れる場 合もあり、マーカー座と目的座が独立なら使用できない（図4−11）。

　MASは、これまでに述べてきたゲノム全体を対象とし、ホモ接合体 化を図りながら表現型を基に優良な遺伝子型、時には当初は予期されな かった優良型をも選抜する従来の方策とは、様々な点で異なる近年の手 法である。すなわち、基本的にゲノム中での場所が明確な遺伝子座、通

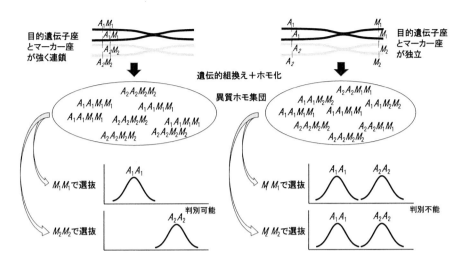

図4−11　マーカー利用選抜

常はただ1個が対象となる。選抜効率は、質的形質の選抜と同様に、一般的に高い。一方、量的形質を支配するQTLsのうちで、作用力の比較的大きい1座を分子マーカーで選抜する場合は、言うまでもなくその他の作用力の弱いQTLsについては、分子マーカーでの選抜対象とはならない。そこで、なるべく多くのQTLsのそれぞれに連鎖する分子マーカー座を用いて、それらを同時に間接選抜するようなゲノム選抜が当然考えられる。この場合、ゲノム選抜のために数多くの連鎖マーカーを探し出す手間と、従来のような表現型選抜の手間と、どちらが大きいかを現時点で一概に判定することはできない。選抜対象となる一部のQTLsで、どれだけその目的形質が支配されているのかに依存するであろう。

第5章
育種の実際

　これまで、延々と一般論を述べてきた。それは、個別の育種法を考える準備段階であり、全体を網羅するいわば縦糸についての解説であった。ここからは、世界中で標準的に行われている植物育種の具体的方法について、「植物育種とは優秀な同質ホモ集団（無性生殖植物の場合は同質集団）を作ること」という原理を基に、縦糸に絡み合う横糸の部分を解説する。その際に、同質ホモ集団あるいは同質集団を作るには先述のように対象となる植物の繁殖様式が大きく関係する。そこで、自殖性植物、他殖性植物および栄養繁殖性植物に分けて、それぞれの代表的育種法を述べる。前の図2-3を参照されたい。これらから、将来の新たな育種法に関する展望が拓かれていくかもしれない。

自殖性植物の育種法

　すでに述べたように、自殖性植物では自殖を1回行うと集団中のヘテロ接合体頻度は前世代の1/2に減少する（図2-4）。したがって勝手に自殖させておけばいずれ異質ホモ集団になる。ということは、自然界に存在する人間の育種の手が加わっていないような自殖性の集団は、自然交雑や自然突然変異等によるヘテロ接合体を除き、基本的に異質ホモ集団である。すなわち、選抜の対象集団がすでに準備されていることになる。このような集団は、国内外を問わず存在する自生集団、地方品種、在来品種等、いわゆる遺伝資源がそれにあたる。それらを収集し選抜を加えると、選抜された個体はゲノム全体がホモ接合体であり、その子孫は分離しない純系であることが期待できる。このように、自生の異質ホモ集団からの個体選抜によって育種目標に適う優秀な同質ホモ集団を育成することを、「純系選抜法（pure line selection）」とよぶ（図5-1）。

　もしも選抜された系統内で分離しても、再度系統内選抜を行えば最終的
に同質ホモ集団ができ、いずれにせよ、それらはそのまま品種になりう
る。純系選抜法は、未だ育種の手が及んでいないものに最初にやるべき
育種法であり、特別な技術も経験も不要である。

　ある程度育種が進んだものをさらに改良する場合には、交雑や突然変
異等で育種目標となるものを含む新しい遺伝子型を生み出すことが必要
である。交雑の場合には、両親間交雑でも多系交雑でもかまわない。生
み出された異質集団を最終的に優秀な同質ホモ集団にするには、いろい
ろなやり方がある。交雑後の分離世代を対象にすると、まず、F_2、F_3、
さらにはF_4世代といった分離初期世代では選抜は行わずに自殖を繰り
返すのみとし、異質ホモ集団を先に作り上げる方法がある。それから先

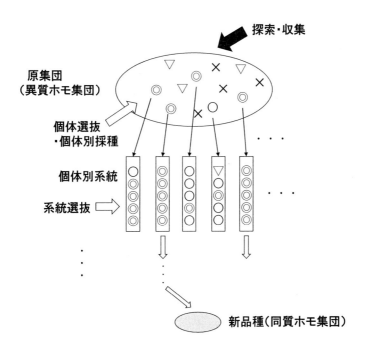

図5−1　純系選抜法

は、遺伝率が高くなったはずのこの集団に個体表現型に基づく選抜を行い、次世代の系統を育成する。これら系統は分離しにくいはずなので、次には系統平均値を基に系統選抜を数世代行って、最終的に目的とする同質ホモ集団を得る。これはそのまま、品種になりうる。このような方法を、「集団育種法（bulk breeding, mass breeding）」とよぶ（図5－2A）。集団育種法は、様々な自殖性植物に対して世界的にみても最も用いられている方法と思われる。

　集団育種法は分離初期世代に選抜しないことから、限られた圃場面積と労力の範囲で一つの交雑組み合わせ由来集団に割くコストを下げ、多くの組み合わせ由来集団を同時に扱う（見込みのない集団は早期に放棄する）ことが可能である。また、種によっては後述のような世代促進法を適用することもできる。一方、分離初期世代で何もしない、というのは、育種家にとって不安を覚えることかもしれない。それもあって、国

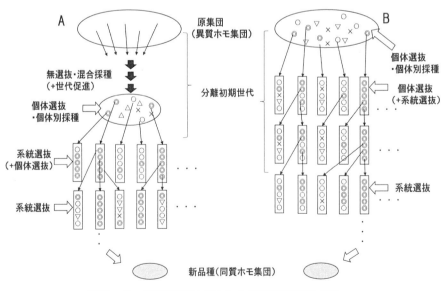

図5－2　集団育種法(A)および系統育種法(B)

86

内で集団育種法が普及したのは1960年代ごろからで、理論的な根拠が多くの研究者によって提供されたことによる（例えば「植物の集団育種法研究（1958）」等）。

　集団育種法に対して、分離初期世代から選抜を行う方法を、「系統育種法（pedigree breeding）」とよぶ（図5−2B）。これは集団育種法が普及する前に専ら行われた、ある意味で自然な方法で、現在でも行われている。イネ品種'コシヒカリ'は、1944年に最初の交雑が行われ、以来十数年をかけて系統育種法によって生み出された。系統育種法では、当然、分離初期世代ではその名のとおり形質は分離するので、そこでの選抜の対象は、選抜効率の面から比較的遺伝率の高い質的形質を対象にすべきである。これらの遺伝子座を優先的に目的とするホモ接合体とし、それ以外のゲノム領域が徐々にホモ化して異質ホモ集団になった後に、遺伝率の低かった量的形質を選抜する。一方、分離初期世代に通常の栽培条件下で選抜するので、集団育種法と異なり後述の世代促進法は適用できない。また、分離初期世代から一つの交雑組み合わせ由来集団に多くの労力を投入する必要がある。

　集団育種法と系統育種法のどちらを選択するのかはケースバイケースであり、一概にはいえない。また、両者の折衷的な方法も試みられている。状況に応じていろいろな手法を駆使するのは、育種家の腕の見せ所であろう。

　集団育種法における分離初期世代は、一年生植物なら1年に1世代といった通常の世代更新のように経過させる必要はない。例えばイネや普通コムギ等の主要穀類では、最初の交雑から同質ホモ集団である品種が育成されるまで、通常10年程度必要になる。実際の育種では、毎年交雑等を行って別々の育種を同時並行的に進めるので、この10年間品種が一つもできないことはなく毎年次々と生まれうるのだが、さすがにこの年月は長い。そこで分離初期世代だけでも1年間に数世代更新することが

考えられる。これが世代促進法である。最も簡単な世代促進法は、例えばイネの場合、一般に多期作が可能な地域で栽培することであろう。沖縄では二期作は普通であり、ベトナムでは三期作まで可能である。これが困難であれば、施設内で人為的に環境を制御して世代促進を行う。

　一般に、一年生植物の生活環は、発芽から花芽分化（イネ科植物では幼穂分化）までの栄養成長期、その後の結実・成熟までの生殖成長期、の二期に分けられる。このうち期間を短縮できるのは栄養成長期間である。突然変異のところで述べたように、植物の成長点(茎頂分裂組織)は、当初、すなわち栄養成長期ではファイトマーとして葉や茎等の栄養器官を次々に分化していくが、ある時に次世代を生産するための花芽となり、生殖成長期へと推移する。この花芽が形成される契機となるのは、必要最低限の栄養成長期間を決める基本栄養成長性、植物を取り巻く環境中で一日の昼の長さ（実は夜の長さ）に反応する日長感応性（感光性ともいわれた）、および気温に反応する温度感応性である。開花するまでに冬期を経過する植物（ムギ類やアブラナ科植物）では、幼苗期での低温要求性（播性）がさらに加わる。これらは大きな遺伝変異があり、多くの主働遺伝子座が知られている。すなわち質的形質に近い。

　まず基本栄養成長性であるが、これは日長感応性、温度感応性、播性をすべてクリアした後にも残るような花芽分化までの期間を決める性質で、例えばアサガオのようにこの期間が非常に短いものもある。次に日長感応性については、まず日長がある時間（限界日長とよぶ）よりも短くなると花芽分化のスイッチが入る短日植物と、逆に限界日長よりも長くなると花芽分化に入る長日植物とがある。それぞれは、夏作の植物と冬作の植物が対応する。また日長感応性が全くないものを中日植物とよぶ。これらの分子的な機構は現在様々な植物で明らかになりつつある。イネでは、播種時期を変えて自然条件下で栽培すると、短日性の強いものはどの播種時期でも同じ時期に幼穂分化が生じるが、短日性がないと

播種後の一定期間（基本栄養成長による期間）後に幼穂分化する。温度感応性については、専らそれまでの累積気温に反応する性質だが、他の要因ほど取り上げられていない。最後の播性については、エピジェネティクスとの関連で最近はとらえられているが、この性質が強いと（秋播性）、例えば春に播種して日長感応性等の要因がクリアできても花芽分化は生じず葉を延々と分化し続ける。一方、この性質が弱いもしくはないと（春播性）、春に播種しても正常に花芽分化する。

　このような性質を基に、世代促進法においてどのように栄養成長期間を短縮するかを考える。それは温度を十分に確保し、日長をその植物にあわせて制御すればよい。すなわち、短日植物なら夜の長さを長くする短日処理、長日植物なら昼の長さを長くする長日処理を行う。また秋播性の強いものは、幼苗期に低温処理（春化処理）を行う。これらによって、すべての植物ではないものの、世代を短縮し1年間に数世代経過させることができる。イネにおいて世代促進法が初めて適用された品種は'日本晴'であり、交雑から6年後（F_9に相当）で世に出た。

　世代促進法とは全く別の方法で育種年限を短縮できるのが、先述の「半数体育種法（haploid breeding）」である（図5-3）。すでに原理は述べたので、実際に半数体を作成する手法から説明する。身近な半数体は、雄性および雌性配偶子である。雄性配偶子の場合、それは花粉の中の精核がそれに相当する。交雑F_1の、減数分裂を介した遺伝的組換えが終了した花粉、実際には葯を無菌的に培養すると精核由来の組織が分化し、最終的に個体（半数体）を誘導できる場合がある。この手法は、イネや普通コムギ等のいくつかの植物種で適用可能であるが、作成効率に問題がある。現在、葯培養が半数体育種に最も用いられているのはタバコであろう。

　雌性配偶子を用いる場合としては、最近では普通コムギにおけるメイズ法が挙げられる。これは、普通コムギ同士の交雑F_1にトウモロコシ

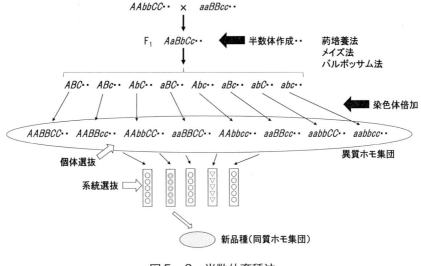

図5-3 半数体育種法

を受粉する。トウモロコシ（*Zea mays* L.）の受粉は、もちろん遠縁属間交雑を狙ったものではなく、普通コムギの未受精胚の単為発生を誘発するためである。この単為発生で得られた種子由来の個体は半数体である。F_1上の卵細胞由来の半数体は、すでに遺伝的組換えが生じているので、これら半数体の染色体をコルヒチン処理等で倍加すれば、異質ホモ集団がただちに得られる。この手法により、製麺用コムギの‘さぬきの夢2000’やラーメン専用コムギの‘ちくしW2号’が最近育成された。このメイズ法は、現在のところ普通コムギのみに適用できる。

　一方、普通コムギとオオムギには、バルボッサム法が可能である。これはオオムギの野生種である *Hordeum bulbosum* L.を花粉親として普通コムギもしくはオオムギでの交雑F_1と受精させると、その雑種では体細胞分裂の度に *H. bulbosum* L.の染色体のみが胚発生初期段階で消失していく、という現象を利用する。その結果、この雑種は普通コムギもしくはオオムギ交雑F_1の雌性配偶子由来半数体となる。

　半数体育種法は、特定の植物種では広く適用され、多くの品種を生み出しているが、半数体作成効率の高いことが必須である。また、両親のゲノム間での遺伝的組換えは、F_1の減数分裂における1回のみである。このことが優良な組換え型遺伝子型を生み出すチャンスに大きな影響を及ぼすことも、考慮すべきである。

　ある程度育種が進んだ段階では、ある品種はほぼ優良なパフォーマンスを示すのだが、一か所だけ欠点があるので、全体的なゲノム構成はそのままにして欠点となる形質の原因遺伝子座のみ、優良アレルで置換したい場合が生じる。この場合、遺伝子組換えやゲノム編集を利用することも可能であるが、通常は「戻し交雑育種法（backcross breeding）」が適用される（図5-4）。ここでは、目的とする遺伝子座上で導入したい優良アレルをR、置換すべき劣悪アレルをr、Rはrに対して完全顕性とする。一方、その他の任意の遺伝子座（遺伝的背景とよぶ）につい

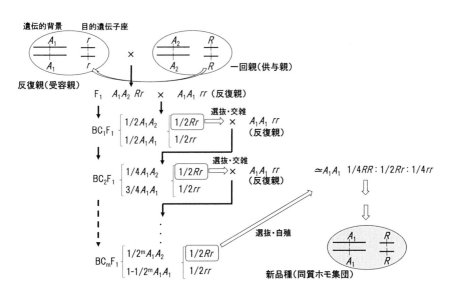

図5-4　戻し交雑育種法

ては、劣悪アレルをもつ親（反復親（受容親）とよぶ）のアレルをA_1、
優良アレルをもつ親（一回親（供与親））のアレルをA_2とする。すなわ
ち、反復親は$A_1 A_1 \ rr$、一回親は$A_2 A_2 \ RR$であり、戻し交雑育種法で目
的とするのは$A_1 A_1 \ RR$となる。

　戻し交雑育種法では、まず反復親と一回親を交雑する。そのF_1の核
ゲノムは$A_1 A_2 \ Rr$、となる。次に、このF_1に反復親を交雑する。その
結果生じるF_1は戻し交雑F_1とよばれ、$BC_1 F_1$で表わす。この$BC_1 F_1$は、
目的遺伝子座ではRrとrrが$1/2:1/2$で、遺伝的背景では$A_1 A_1$と$A_1 A_2$
がやはり$1/2:1/2$で分離する。この分離している$BC_1 F_1$で、目的遺伝
子座がRrのものを選抜する。Rはrに対して完全顕性であるから、こ
れは表現型の選抜で可能である。そしてこのRrである$BC_1 F_1$個体のみ
に再度反復親を交雑する。一方、遺伝的背景には選抜を特に加えない。
その結果得られる$BC_2 F_1$（戻し交雑を2回行ったF_1）では、目的遺伝
子座は$BC_1 F_1$と同一の$Rr:rr=1/2:1/2$、一方、遺伝的背景は$A_1 A_1$：
$A_1 A_2 = 3/4:1/4$で分離する。注意してほしいのは、ヘテロ接合体が1
世代前と比べて$1/2$に減少していることである。これは、自殖の場合と
同じであるが、自殖と決定的に異なるのは、ホモ接合体が反復親と同じ
もののみであること（自殖の場合は両親と同じ2種類のホモ接合体が等
量できる）である。このように、戻し交雑後のF_1でRrの個体を選抜し
て反復親を交雑することを繰り返すと（連続戻し交雑）、自殖では異質
ホモ集団に近づいたが、ここでは反復親と同じ同質ホモ集団になってい
く。これは、反復親の血が濃くなっていくというイメージでとらえられ
る。ただし、目的遺伝子座はヘテロ接合体のままである。そこで、遺
伝的背景が十分に反復親と同じ$A_1 A_1$となったならば（m回戻し交雑を
行った$BC_m F_1$での$A_1 A_1$の頻度は$1-1/2^m$）、戻し交雑を止めて自殖する。
その結果生じる$BC_m F_2$における目的遺伝子座では$RR:Rr:rr=1/4:$
$1/2:1/4$と分離するので、顕性表現型個体をいくつか選抜して個体別次

世代（BC_mF_3）系統で、RR で固定したものを獲得する。これが目的とする $A_1A_1\ RR$ にほぼなっている同質ホモ集団、すなわち新品種となる。この場合、最後の戻し交雑で母親として用いたものの細胞質が、この品種の細胞質になる。したがって、特定の目的遺伝子座を設定せずに、連続戻し交雑によって核ゲノムと細胞質ゲノムを入れ替えることが可能である。

　これまでの説明では、導入したい優良アレルは完全顕性としていた。もしも、これが潜性アレルであるとどうすべきか。すなわち反復親が $A_1A_1\ RR$、一回親が $A_2A_2\ rr$ で、問題となるのはBC_1F_1あるいはBC_mF_1での目的遺伝子座における分離が $RR:Rr=1/2:1/2$ となるが、表現型上は両遺伝子型の区別ができない点である。そこで1回自殖し、個体別のBC_mF_2系統を戻し交雑の度に作成してrrで固定する系統に反復親を交雑すればよい。遺伝的背景の変化は、優良アレルが完全顕性の場合と全く同じである。これについては演習として、読者による確認を求める。

　しかし、このように自殖を間にはさむのは育種年限がほぼ2倍になることを意味する。そこで、もう一つの方法として分子マーカーを用いたMASが挙げられる。すなわち目的遺伝子座に密接に連鎖する分子マーカー座があれば、マーカー座上の共顕性もしくは完全顕性アレルを選抜することで、目的遺伝子座のアレルが潜性でもあるいは顕性でも戻し交雑育種が遂行できる。特に、目的遺伝子座による表現型の測定、判別が困難な場合には連鎖する分子マーカー座での間接選抜が効力を発揮する。さらに、遺伝的背景についても、無選抜ではなくゲノム全体にわたって分子マーカー座を設定し、積極的に反復親型のアレルを選抜することも可能である。そうすれば、通常は5〜6回以上という戻し交雑の回数はより少なくてすむ。

　戻し交雑を用いると、共通の遺伝的背景の下、特定の遺伝子座上に様々なアレルをもつ系統が育成できる。これらを準同質遺伝子系統

（Near-Isogenic Lines, NILs）とよぶ。「準」が付くのは、遺伝的背景を完全に同一にすることはできないことによる科学者の謙遜である。例えば、優良品種のある病害抵抗性に関わる遺伝子座に、複数の異なる抵抗性型アレルをそれぞれもつNILsを用意しておき、それらを適当に混合して栽培すれば、少なくとも病原菌の特定レースによる甚大な被害は避けられる。このような品種は「多系品種（multi-line cultivar）」とよばれ、異質ホモ集団が品種となる数少ない例である。'コシヒカリBL系統'がそれにあたる。いずれにせよ、それぞれの抵抗性アレルをもつ複数の同質ホモ集団が必要である。

他殖性植物の育種法

　他殖性植物においても、何らかの意味で優秀な同質ホモ集団の育成が育種の鍵を握る。ところが、先述のように他殖性植物は一般に任意交配を行うので、自殖性植物のようにそのまま交配を繰り返しても自然にホモ集団にはならない。むしろハーディ・ワインベルグ平衡に達して、遺伝子型頻度は世代が更新されても変化しない（図2−4B）。この平衡状態を打破するためには、ハーディ・ワインベルグ平衡の成立条件を崩す必要がある。それはアレル頻度を変化、この場合は優良アレル頻度を増加させることである。その現実的な方法は、優良アレルをもっている個体を表現型から選抜することである。

　最も単純なケースを考えてみる。例えば、ある遺伝子座に A_1 と A_2 の2種類のアレルがあり、それぞれの頻度が p_1 と p_2 であるとする。したがって先述のように、任意交配集団では、$A_1A_1 : A_1A_2 : A_2A_2 = p_1{}^2 : 2p_1p_2 : p_2{}^2$ となる（図2−4B）。このうち A_1 を完全顕性の優良アレルとして、この集団に対して A_1A_1 と A_1A_2 を選抜し、受精の前に A_2A_2 を淘汰したとする。このようにした集団での任意交配における A_1 と A_2 のアレル頻度は、それぞれ $(p_1{}^2 + p_1p_2) / (p_1{}^2 + 2p_1p_2) = 1 / (1 + p_2)$ と

$p_1 p_2 / (p_1{}^2 + 2 p_1 p_2) = p_2 / (1 + p_2)$ とに変化する（$p_1 + p_2 = 1$に注意）。したがって元のアレル頻度と比べて、それぞれ、$p_2 (1 - p_1) / (1 + p_2)$ と $- p_2{}^2 / (1 + p_2)$ だけ変化することになる。これらの符号を見ると、A_1 は増加し A_2 は減少していることがわかる。この選抜を毎世代繰り返していくと結局、$A_1 A_1$ は漸次増加して行き時間はかかるが目的の同質ホモ集団に近づく。以上は、最も単純なケースであったが、実際には選抜されないものを受精前に淘汰することは非常に困難で、優良でないアレルをもつ花粉によって、選抜個体が受精されてしまう。すなわち、選抜しているのは母親である選抜個体のアレルであって父親のアレルは無関係となる。また遺伝率の低い形質に関わる遺伝子座は複数存在しかつ環境要因の影響も大きいので選抜効率は低い。そうなると、優良アレルの選抜による増加速度はさらに遅くなる。

　自殖性植物において未だ育種の手が加わっていないような材料に対してまず行われる育種法が純系選抜法であったように、他殖性植物において同様の状況でまず行われるのが「集団選抜法（集団改良法）、(mass selection)」である（図5-5）。これは純系選抜法と同様、在来種や野生種のように様々なものがすでに混在している集団に対して、先ほどのように優良表現型を示すものをひたすら個体選抜し、その上に実った種子を混合して得た次世代集団に対してさらに個体選抜を繰り返す。その結果、そのアレルに関する同質ホモ集団が徐々にではあるが形成されていく。トウモロコシの種子油含量に対する何十世代にもわたる定方向の選抜によって、本形質がとぎれなく変化していくという有名な実験もある。一方、単純な個体選抜のみでは限界があるので、選抜された個体上の種子を二分し、片方を次世代で個体別系統栽培して優良であることを確認する。確認された系統の親にもどって、次々世代で残りの半分の種子を混合して選抜を繰り返す。このような、後代検定付きの集団選抜法も行われている。

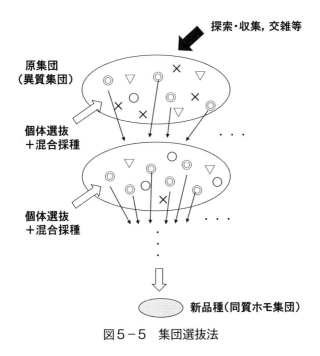

原集団
（異質集団）

個体選抜
＋混合採種

個体選抜
＋混合採種

新品種（同質ホモ集団）

図5−5　集団選抜法

　上記のような集団選抜法では、選抜の対象になるのは選抜された個体（母親）由来のゲノムであり、もう片方の父親由来のゲノムは選抜されなかった。すなわち選抜された個体は選抜されていない不特定の個体によって受粉されている。そこで、選抜個体を受精前に袋掛け等で強制的に自殖し、系統を得る。次世代ではこれら選抜自殖系統間で強制的な相互交雑または任意交配を行う。この選抜系統間交雑で得られた種子は、母親由来ゲノムも父親由来ゲノムも選抜されたもので、かつ選抜アレル間で遺伝的組換えが生じ、さらに優良な組換え型の出現する可能性がある。これらを基にした集団を対象に次のサイクルの選抜と自殖系統間交雑を繰り返す。このような方法を「（単純）循環選抜法（simple recurrent selection）」とよぶ（図5−6）。この方法では、集団選抜法よりも集団の遺伝的改良の効率は高い。

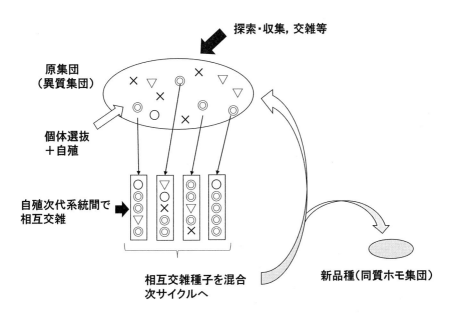

図5-6　単純循環選抜法

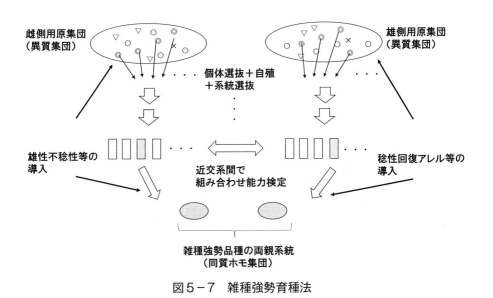

図5-7　雑種強勢育種法

他殖性植物で最も頻繁に行われているのは、「雑種強勢育種法（ヘテロシス育種法、F_1品種育種法）、(heterosis breeding)」である（図5-7）。トウモロコシでは、ほぼ九割方はこの方法で育種されており、その他の植物でも、国内で品種名に「交配〇号」という記載があると、それらは雑種強勢育種法による一代雑種品種である。以前は、雑種強勢現象は他殖性植物のみに見られるとされていたが、イネや普通コムギ等の自殖性植物でも、組み合わせによれば雑種強勢の発現することが明らかになった。イネのハイブリッドライスが、その例である。雑種強勢育種法が成功するには、二つの点が重要である。一つには当然ながら雑種強勢が強く発現するF_1の両親を選抜すること、もう一つには大量のF_1種子を効率的に生産することである。

　雑種強勢の発現程度は、実際にF_1を作成して両親の平均値に対して（あるいは優良親に対して）F_1がどの程度優良な方向に偏差しているのか、を検定するしか現在のところ方法がない。そこでなるべく多くの純系を集め、それらの間で総当たり交雑を行い、F_1を得る。同じ組み合わせでも母親と父親を区別する場合は両面総当たり交雑、どちらか一方のみを行う場合には片面総当たり交雑とよぶ。ここで、特定の純系間組み合わせで見られる雑種強勢程度を、その組み合わせの特定組み合わせ能力（Specific Combining Ability, SCA）とよぶ。それに対して、ある純系を片親としたF_1の雑種強勢程度の平均値を、その純系の一般組み合わせ能力（General Combining Ability, GCA）とよぶ。SCAには顕性効果が、GCAには相加効果が関連しているといわれている。GCAの評価を主体にするのであれば、先ほどの総当たり交雑ではなく、検定すべき純系に現在普及している優良品種を交雑する、品種・系統間交雑（またはトップ交雑）が行われる。この結果得られたF_1での雑種強勢程度は、純系のGCAの推定値であり、かつその純系と検定品種とのSCAでもある。これによって、n種類の純系の組み合わせ能力検定のために、片面

総当たり交雑なら$n(n-1)/2$回の交雑が必要のところ、品種・系統間交雑ならn回ですむ。

　次に、F_1種子の大量かつ効率的生産について解説する。通常の人工交雑によって一雌しべへの受粉で数千から数万のF_1種子が得られる、例えばタバコのような植物ならこの問題は解決ずみであるが、イネや普通コムギ等では一つの雌しべへの受粉で最大1粒しか結実しない。また人工交雑ではなく放任受粉でF_1種子のみを採種する場合には、自殖種子との識別をしなければならないので、何等かの方策が必要である。これに対しては、雄性不稔性または自家不和合性を利用する。

　まず雄性不稔性についてであるが、これは雌しべは正常で受精できるにも関わらず雄しべの機能のみが不全となり花粉ができない現象である。遺伝的要因によって生じる雄性不稔性で育種に利用できるのは、大きく2種類ある。一つ目は核ゲノム内に存在する雄性不稔遺伝子座である。この上で通常は潜性の雄性不稔型アレル（msとする）がホモ接合体になると雄性不稔性が発現するが、$MsMs$や$Msms$では雄しべは正常である。そこで、$msms$のものを母親とし圃場に栽培しておき、それを取り囲むように$MsMs$を父親として栽培する。この状態で放置すれば、$msms$個体上に結実した種子は必ず父親とのF_1種子である。

　この場合父親は自殖できるので、$MsMs$系統は普通に維持でき何度も利用できる。ところが母親の方は自殖できないので（花粉ができないから）次の交雑のための維持ができないという問題が生じる。これを解決するために見いだされたのが、日長感応性雄性不稔遺伝子座である。これはイネで最初に発見された。この遺伝子座上の雄性不稔型アレルは、長日条件下では雄性不稔性を発現するが、短日条件下では正常な機能を示す。したがって、$msms$系統は通常は短日条件下で自殖により維持し、F_1種子生産の時のみ長日条件下で上記のように栽培、採種する。このような遺伝子座は普通コムギでも存在する。以前は、オオムギで雄性不

稔遺伝子座、マーカーとなる種皮色遺伝子座およびトリソミーを組み合わせた極めて巧妙な方法が考えられていたこともある。また日長ではなく、温度に感応する雄性不稔遺伝子座の報告もある。

　雄性不稔性利用の二つ目は雄性不稔細胞質と稔性回復遺伝子座の利用である（図5-8）。これを育種で利用する際には、雄性不稔系統、維持系統および稔性回復系統の3系統が必要である。ただし、収穫の対象が種子ではなく栄養器官の場合には、最後の稔性回復系統は特に必要ではなく、雄性可稔でかつ雄性不稔系統と高い組み合わせ能力をもつものであればよい。その理由も含めて、個々に説明する。雄性不稔系統は、その細胞質ゲノム（ミトコンドリアゲノムであることが判明している）の雄性不稔遺伝子座上に雄性不稔型アレルをもつ。核ゲノムの稔性回復遺伝子座には非回復型アレルをもち、したがって雄性不稔性を発現する。維持系統は、その細胞質ゲノムの雄性不稔遺伝子座には正常型アレ

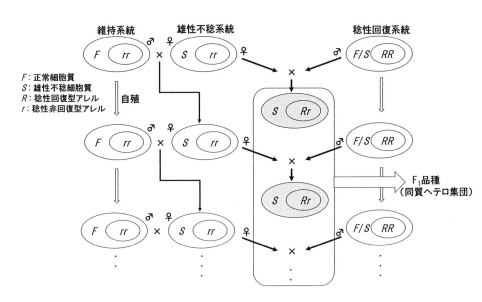

図5-8　雄性不稔細胞質利用によるF₁採種

ルをもち、かつ核ゲノムは雄性不稔系統のそれと同一である。この系統
は、連続戻し交雑による核置換で作成できる。そして稔性回復系統は、
細胞質ゲノムは一般に正常型で、核ゲノムには稔性回復型アレル（非回
復型アレルに対して顕性）が存在する。重要なのは、雄性不稔系統と稔
性回復系統は高い組み合わせ能力をもつように選抜されていることであ
る（図5-8）。

　以上が出揃ったところで、雄性不稔性を利用した実際のF_1採種につ
いて説明する。まず、雄性不稔系統は自殖できないので、これと維持系
統とを隣接して栽培する。この雄性不稔系統上に結実した種子由来植物
は、元の雄性不稔系統と同一である。維持系統および稔性回復系統はそ
のまま自殖で維持できる。F_1種子採種を行う際には、雄性不稔系統と
稔性回復系統を隣接して栽培する。自然受粉させて雄性不稔系統上に結
実した種子は、すべてF_1種子になる。そしてF_1個体は、細胞質ゲノム
は母親由来の雄性不稔型アレルをもつが、核ゲノムでは稔性回復遺伝子
座がヘテロ接合体になるので花粉は正常であるから、収穫対象の種子は
雑種強勢の発現下で生産される（図5-8）。稔性回復の仕組みについて
は、配偶体型と胞子体型の2種類がある。これは次の自家不和合性でも
見られる。配偶体型では雄性配偶子（花粉）の遺伝子型で、胞子体型で
は雄性配偶子を産出した個体（胞子体）の遺伝子型で、花粉の不稔、可
稔が決定される。F_1個体はヘテロ接合体なので、配偶体型の場合には
半数の花粉が不稔になるが、F_1の種子の稔性には問題を生じさせない。
胞子体型の場合には、全花粉が可稔となる。一方で、葉や茎、根等の栄
養器官を収穫対象とする場合には、F_1個体上に種子ができなくても構
わないので、稔性回復型アレルは不要である。いずれにせよ、雄性不稔
細胞質を用いる方法では、3系統が必要なので、三系法とよばれる。そ
れに対して核ゲノム中の雄性不稔型アレルを用いる場合は二系法とよば
れる。以前は、雑種強勢を発現するF_1をアポミクシスで増殖する一系

法が考えられていたが、実現はしていない。

　次に、自家不和合性を利用する方法について述べる。自家不和合性
（self-incompatibility）に関する遺伝子座は核ゲノム中に存在し、その上
に、通常は複アレルである自家不和合性アレルがある。そして、母親の
柱頭組織のアレルと花粉のアレルもしくは父親の自家不和合性に関する
遺伝子型との組み合わせによって、花粉が柱頭上に受粉した場合、それ
が発芽し花柱組織を貫通して卵細胞および極核と受精できるか、あるい
は発芽せずに受精できないのかが決定される。花粉の不和合性の型が柱
頭組織のもつアレル（二倍体なら1対ある）のどちらかでも同一であれ
ば、柱頭上でこの花粉は発芽せず、受精できない。逆に、柱頭組織のど
のアレルとも異なれば、その花粉は正常に発芽し、受精できる。このよ
うに花粉の不和合性の型が花粉自身の遺伝子型で決定されるものを、稔
性回復型アレルの場合と同様、配偶体型とよぶ。それに対して、花粉の
不和合性の型が花粉親の遺伝子型で決定されるものを、胞子体型とよ
ぶ。胞子体型の場合、花粉親側のみでアレル間に顕性、潜性の関係があ
り、顕性アレルによって花粉の型が決まる。複雑に見えるが、要するに
両性花であっても自殖はできないようになっている。そこで「自家」不
和合性とよばれる。これは、アブラナ科植物やソバ等で認められる。F₁
採種では、自家不和合ではない組み合わせである不和合性アレルをそれ
ぞれもつものを両親に選び、それらを隣接して栽培する。その結果、ど
ちらの系統に結実した種子もF₁である。両親系統は、自家不和合性が
強く発現する前の蕾の段階での人工授粉により自殖すること等で維持で
きる。

　それでは、改めて雑種強勢育種法の手順を述べる（図5−7）。まず、
交雑後集団や在来種等の異質集団から、両親系統の選抜を行う。本来は、
互いに組み合わせ能力の高いもの、という基準でそれぞれが同質ホモ集
団の両親系統を得るのではあるが、実際には雄性不稔細胞質をもつもの

は限られているし、自家不和合性アレルの組み合わせも限りがあるので、特定の系統（例えば雄性不稔系統）とのSCAが高いものを選抜することになる。例えばトウモロコシでは、これまでの情報から互いに組み合わせ能力が高いようないくつかの系統グループが知られている。

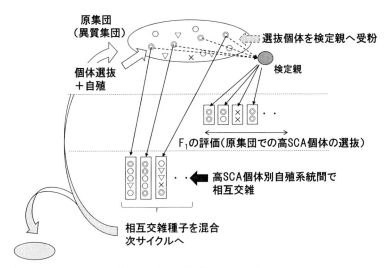

図5−9　組み合わせ能力循環選抜法

　ここで、先述の単純循環選抜法を思い出してみよう。これは単純に、収量等の一般的な表現型に関する優良アレルが選抜の対象であった。この選抜対象を、SCAに関するアレルにしたらどうか。すなわち、ある異質集団で単純に表現型が優良な個体を選抜し、これを例えば雄性不稔系統に交雑すると同時に、自殖種子を確保しておく。次世代では、得られた個体別F_1系統または個体での雑種強勢程度を検定する。次々世代では、その検定の結果高いSCAを示すものの父親となった個体の自殖系統間で相互交雑して、得られた種子を基に次のサイクルの選抜に供す

る。この循環選抜サイクルを経る毎に、母親として用いた雄性不稔系統に対して高いSCAを示す父親系統が選抜されていく。この方法を、「組み合わせ能力循環選抜法（combining ability recurrent selection）」とよぶ（図5-9）。さらに、上記のような雄性不稔系統を特に意識しないときには、「相反循環選抜法（reciprocal recurrent selection）」を行う場合がある（図5-10）。これは、異質集団を2種類準備し、それぞれの集団で個体選抜してそれに別の集団から採取した混合花粉を受粉する。同時に選抜個体の自殖種子を確保する。次世代ではやはりF₁での雑種強勢程度を検定する。この場合は互いの集団に対するGCAを検定していることになる。そして高いGCAを示す親の自殖系統を次々世代で相互交雑する。というように循環サイクルを回していけば、結局、組み合わせ能力の高い両親系統のそれぞれが、それぞれの集団から選抜で

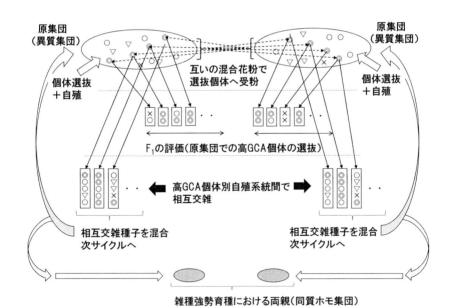

図5-10　相反循環選抜法

きる。

　以上のように得られた両親系統は、少なくとも組み合わせ能力に関しては優秀な同質ホモ集団である。種苗会社等のF_1種子供給元は、この両親系統を厳重に管理し、毎年F_1種子生産を行う。得られた種子は同質ヘテロ集団である(図5－8)。これが栽培者の手に渡るF_1品種になる。栽培者としては、F_1品種上に結実した種子を栽培しても次世代では大きく分離するので、F_1種子を供給元から毎回入手しないといけない。このことは、これまでに述べた様々な育種方法からの品種の、栽培者にとっての取り扱い方と全く異なる。

　もしも、自家採種によって得た集団でも雑種強勢を毎世代ある程度持続させたいのであれば、「合成品種法（synthetic variety method)」で育成されたものを用いる（図5－11)。雑種強勢育種では互いに組み合わ

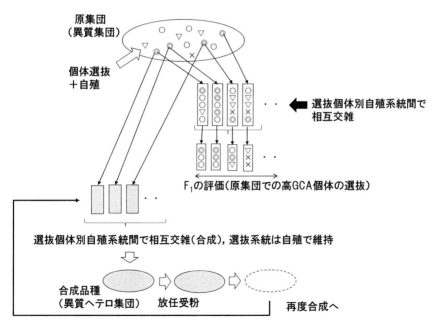

図5－11　合成品種育種法

105

せ能力の高い２種類の同質ホモ集団、すなわち実際に用いるF_1の両親を育成したが、合成品種法では、互いに組み合わせ能力の高い３種類以上（通常４〜５種類）の系統（同質ホモ集団）を選抜する。そして、最初にこれら系統の間で相互交雑し（合成とよぶ）、様々なF_1種子が混在したものを得る。これは異質ヘテロ集団である。これを栽培者に供給する。この集団では、F_1品種ほどではないにせよ、雑種強勢が見られる。そしてこの集団内個体間で放任受粉させると、それまでとは異なる座でヘテロ接合体が生じ、また雑種強勢が見られる。このような放任受粉に由来する雑種強勢は数世代まで継続すると考えられる。さすがに世代の経過につれて、雑種強勢程度は減衰していくので、そうなったら、最初の系統にもどって合成を行い、同じ品種として供給する。同じ系統間の相互交雑であれば、同様の集団が合成されると期待できるので、すでに述べた品種の条件であるＳは保証できる。ただしＵについてはある程度目をつぶらざるを得ない。したがって、Ｕが問題になりにくい、例えば放牧地に栽培する牧草類の育種等に対して、本方法は適用される。

栄養繁殖性植物の育種法

　栄養繁殖性植物では、品種改良の目標は優良な同質集団を作ることであり、同質「ホモ」集団にする必要はない。ホモ化のステップが要らないので、品種改良の手順は比較的簡単で、煩雑な遺伝的原理を考慮することは少ない。また植物によっては比較的短期間で育種が完了する。このことから、栄養繁殖性植物、特に花卉類では、従来からアマチュアによって育種が行われた場合が多い。バラの育種が、その好例である。

　栄養繁殖性植物においてもこれまでと同様、まず異質集団を準備する必要がある。これには、遺伝資源の導入、交雑、突然変異誘発等が挙げられる（図5−12）。それぞれ、栄養繁殖性植物における導入育種、交雑育種、突然変異育種に対応する。特に栄養繁殖性植物の場合には、も

ともとヘテロ接合体である遺伝子座が非常に多い。したがって、交雑
F_1世代ですでに分離が見られるし、突然変異原処理によって、処理当
代でもキメラではあるが変異表現型が発現する場合がある。いわゆる枝
変わりである。果樹の育種では、栽培者による丹念な観察から見いださ
れた枝変わりを、栄養繁殖することで増殖して品種とした場合が多い。
したがって、突然変異育種は、有性種子繁殖を行う植物よりも、むしろ
栄養繁殖性植物の方が有効である。突然変異における変異細胞と正常細
胞のキメラ状態を解消する方法については、突然変異の項で述べた。も
う一つ栄養繁殖性植物のヘテロ接合性を活用できるものとして、実生（み
しょう）集団の利用がある。栄養繁殖性植物でも十分に有性生殖器官が
分化し、開花、結実できるものが多い。結実したものは実生であり、同
一個体由来の実生集団では遺伝的な分離が見られる。このようにして、
比較的容易に異質集団が構成できる。

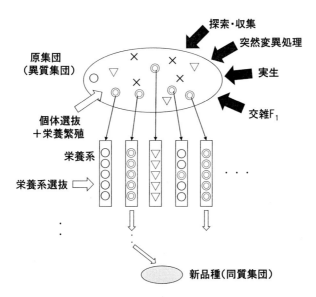

図5-12　栄養繁殖性植物の育種法

このような異質集団から、まずは育種目標に適った表現型を示す個体を選抜する（図5-12）。この表現型の発現には環境要因も関与するので、選抜個体を基に栄養繁殖を行い、系統を作成する。これがクローン（clone, 栄養系）で、元々はギリシャ語の小さい枝、に由来する。動物ではクローンの作成は困難であり、また一部は物議を醸しだすが、植物では日常的にクローンが利用されている。このクローンで反復を伴った栄養系の評価を行い、優良クローンを選抜する。このクローンはゲノムがホモ接合体でもヘテロ接合体でも同一の遺伝子型が増殖できるので、ＵもＳも保証され、Ｄが満たされればそのまま品種になり得る。このように、栄養繁殖性植物の育種は、いろいろなものから良いものを選ぶ、という誰にでも可能な、いわば育種操作の原点ともいうべきものである。読者には、ぜひ自分独自の「品種」育成にチャレンジされたい。

　なお首尾よく品種として相応しいものができ上がり、かつその育成権を守りたい場合には、国内では農林水産省の品種登録ホームページ、http://www.hinnshu2.maff.go.jp/, で登録申請（有償）を行う。

参考図書・資料

はじめに・第1章

L. Burbank, "How plants are trained to serve for man. vol 1, Plant Breeding", Collier & Son Co., New York（1921）

E. イーデルソン（西田美緒子訳）、「メンデル　遺伝の秘密を探して」、大月書房（2008）

E. シャルガフ（村上陽一郎訳）、「ヘラクレイトスの火」、岩波書店（1990）

J. ドゥーシュ（佐藤直樹訳）、「進化する遺伝子概念」、みすず書房（2015）

平野博之、「物語　遺伝学の歴史」、中央公論社（2022）

中沢信午、「遺伝学の誕生－メンデルを生んだ知的風土」中央公論社（1985）

日本遺伝学会（監修・編）、「遺伝単　遺伝学用語集　対訳付き」、NTS（2017）

丸山工作（編）、「ノーベル賞ゲーム」、岩波書店（1998）

G. J. メンデル（岩槻邦男、監訳）、「雑種植物の研究」、岩波書店（1999）

J. D. ワトソン（江上不二夫、中村桂子訳）、「二重らせん」、講談社（1986）

第2章

鵜飼保雄、「植物育種学」、東京大学出版会（2003）

鵜飼保雄・藤巻宏、「植物改良の原理 ―遺伝と育種1　上・下」、培風館（1984）

Union Internationale pour la Protection des Obtentions Végétales（UPOV）ホームページ、https://upov.int/portal/index.html.en

第3章

T. K. Fu and E. R. Sears, "The relationship between chiasmata and crossing over in *Triticum aestivum*", Genetics 75：231-246（1973）

F. キングドン＝ウォード（金子民雄訳）、「ツアンポー峡谷の謎」、岩波書店（2000）

大野乾（山岸秀夫・梁永弘訳）、「遺伝子重複による進化」、岩波書店（1977）

N. I. Vavilov, "The origin, variation, immunity and breeding of cultivated plants（translated by K. S. Chester）", Chronica Botanica 13：1-336（1950）

第4章

安藤洋美、「統計学けんか物語 ―カール・ピアソン一代記」、海鳴社（1989）

E. O. ウィルソン・W. H. ボサート（巌俊一・石和貞男訳）、「集団の生物学入門」、培風館（1977）

木村資生、「集団遺伝学概論」、培風館（1960）

三好行雄（編）、「漱石書簡集」、pp. 274-276、岩波書店（1990）

福岡伸一、「生物と無生物の間」、講談社（2007）

第5章・あとがき

浅田彰・他、「科学的方法とは何か」、中央公論社（1986）

北柴大泰・西尾剛（編）、「植物育種学（第5版）」、文永堂出版（2021）

鵜飼保雄、「植物改良への挑戦　メンデルの法則から遺伝子組換えまで」、培風館（2005）

酒井寛一・他（編）、「植物の集団育種法研究」、養賢堂（1958）

事 項 索 引

人 名 索 引

あ と が き

　私は、学部および大学院在学中、一貫して植物育種学分野を中心に学び、大学教員になった後も都合31年間、育種学、植物育種学、遺伝学に関連する講義を担当し、かつそれら分野の研究を継続してきた。講義を担当していた当初は、特に植物育種学についてはすでに多数存在していた教科書にならって授業を行っていたが、学生の前でしゃべるたびに何とも言えぬ不満感が蓄積するのを覚えた。一口で言うのならば、それは植物育種、特にその選抜の場面が従来の教科書において首尾一貫した論理で構成されていないのではないか、という不満である。遺伝学にしても、日本国内ではいわゆるメンデルの遺伝の三法則がなぜあれだけ偏重されるのか、等々に納得がいかなかった。そこで定年退職前には、なんとか自分なりに植物育種を一貫した論理で構成するように講義を心掛けた。本書は、それが散逸することを恐れ、退職後に文章化したものである。

　執筆にあたり心がけたのは、単に「わかりやすい」ものにすることは一切考えなかったことである。わかりやすいかどうかは、読者次第である。上からの目線で、ものを知らない人たちに教えてあげる、という態度は厳に慎んだ。そこで、丁寧な記述を省かないことを、できるだけ徹底した。それは、この執筆自体が、私自身の学びになっているからである。

　さて、ここまで本書に付き合ってくれた読者はもうお気づきであろうが、これまでに本書で「植物育種学」という言葉を使ったのは、このあとがきの最初の行が初めてであり、それまでは注意深く「植物育種」のみを用いてきた。植物育種学は、植物育種技術を支える科学的基盤を提供するものといえる。しかし、それは科学といえるか？

　一般的にイメージされる科学は、どんな場所でもどんな時代でも通用

するような法則や定理を追求するものといえる。物理学や数学がその典型であろう。事実、物理学は自然科学の規範とされてきた。これは、「法則追求型科学」といえよう。それに対して、科学にはもう一つ、「問題解決型科学」があるはずである。問題解決型という用語は、最近の教育現場で散見されるようになったが、それは、実際の現場に科学的知識を単に応用したものではない。かつて、私を含む若手研究者の小さな集まりで、いわゆる植物育種学の泰斗であった酒井寛一先生が、「育種学は応用遺伝学である。これは遺伝学の応用ということではない。応用の場面での遺伝学である。」と言われたのを、私は目から鱗が落ちる思いで伺った。

むしろ私は、植物育種学、さらに植物育種は科学でなくともよいと考える。それは、解決すべき問題を目の前にして、その解決をあらゆる手段で図るArtであるととらえている。この場合のArtとは、芸術ではなく「技芸」というべきものである。この現場での技芸が、純粋に法則を追求する科学の発展にどれだけ貢献したのかは、量子論の端緒となった溶鉱炉内の温度と放射光波長との関係の解析をみるまでもなく、計り知れない。重要なのは、問題に向かって真摯につきすすむ強い意志であろう。そして問題解決こそが目的であり、その技芸は手段にすぎないことも、常に自覚すべきである。目的と手段の逆転は有意味な結果を何ももたらさない。ただ、たかが手段、されど手段であることも銘記すべきである。

私のささやかな試みである本書初版および改訂版の出版に関して、大阪公立大学出版会にはそのすべてにおいてお世話になった。本書の最後にあたり、関係各位に深く感謝の意を表する。

【著者略歴】

1951年　愛知県名古屋市生まれ。

1974年　北海道大学農学部農学科卒業。

1979年　京都大学大学院農学研究科農学専攻博士課程満期退学。

1981年　広島農業短期大学助手、広島県立大学生物資源学部助
　　　　教授を経て2018年３月まで近畿大学生物理工学部教授。
　　　　農学博士。

専攻：植物育種学。

著書：「植物遺伝育種学実験法」（分担執筆）（朝倉書店、1995年）。

加藤　恒雄
（か　とう　　つね　お）

大阪公立大学出版会（OMUP）とは
本出版会は、大阪の５公立大学－大阪市立大学、大阪府立大学、大阪女子大学、大阪府立看護大学、大阪府立看護大学医療技術短期大学部－の教授を中心に2001年に設立された大阪公立大学共同出版会を母体としています。2005年に大阪府立の４大学が統合されたことにより、公立大学は大阪府立大学と大阪市立大学のみになり、2022年にその両大学が統合され、大阪公立大学となりました。これを機に、本出版会は大阪公立大学出版会（Osaka Metropolitan University Press「略称：OMUP」）と名称を改め、現在に至っています。なお、本出版会は、2006年から特定非営利活動法人（NPO）として活動しています。

About Osaka Metropolitan University Press (OMUP)
Osaka Metropolitan University Press was originally named Osaka Municipal Universities Press and was founded in 2001 by professors from Osaka City University, Osaka Prefecture University, Osaka Women's University, Osaka Prefectural College of Nursing, and Osaka Prefectural Medical Technology College. Four of these universities later merged in 2005, and a further merger with Osaka City University in 2022 resulted in the newly-established Osaka Metropolitan University. On this occasion, Osaka Municipal Universities Press was renamed to Osaka Metropolitan University Press (OMUP). OMUP has been recognized as a Non-Profit Organization (NPO) since 2006.

種を育てて種を育む ―植物品種改良とはなにか― 改訂版

2019年11月25日　初版第１刷発行
2023年７月10日　改訂版第１刷発行

編著者　加藤　恒雄
発行者　八木　孝司
発行所　大阪公立大学出版会（OMUP）
　　　　〒599-8531 大阪府堺市中区学園町１－１
　　　　大阪公立大学内
　　　　TEL　072（251）6533　FAX　072（254）9539
印刷所　和泉出版印刷株式会社